Thomas Sonar

Angewandte Mathematik, Modellbildung und Informatik

Aus dem Programm Mathematik

„Das ist o.B.d.A. trivial!"
Tipps und Tricks zur Formulierung
mathematischer Gedanken
von A. Beutelspacher

Kryptologie
von A. Beutelspacher

„In Mathe war ich immer schlecht..."
von A. Beutelspacher

Zahlentheorie für Einsteiger
von A. Bartholomé, J. Rung, H. Kern

Stochastik für Einsteiger
von N. Henze

Glück, Logik und Bluff
Mathematik im Spiel
von J. Bewersdorff

Alles Mathematik
Von Pythagoras zum CD-Player
von M. Aigner, E. Behrends

**Schulwissen Mathematik:
Ein Überblick**
von W. Scharlau

Thomas Sonar

Angewandte Mathematik, Modellbildung und Informatik

Eine Einführung für Lehramts-studenten, Lehrer und Schüler

Mit Java-Übungen im Internet
von Thorsten Grahs

Die Deutsche Bibliothek – CIP-Einheitsaufnahme
Ein Titeldatensatz für diese Publikation ist bei
Der Deutschen Bibliothek erhältlich.

Prof. Dr. Thomas Sonar
Technische Universität Braunschweig
Institut für Analysis
Pockelsstraße 14
38106 Braunschweig
E-Mail: t.sonar@tu-bs.de

1.   Auflage September 2001

Der Verlag Vieweg ist ein Unternehmen der Fachverlagsgruppe BertelsmannSpringer.
www.vieweg.de

Gedruckt auf säurefreiem Papier

Konzeption und Layout des Umschlags: Ulrike Weigel, www.CorporateDesignGroup.de

ISBN-13: 978-3-528-03179-4   e-ISBN-13: 978-3-322-80225-5
DOI: 10.1007/978-3-322-80225-5

Meiner Frau **Anke** und unseren Kindern
Konstantin, Alexander, Philipp und **Sophie-Charlotte**
gewidmet

Vorwort

 inen fleißigen guten Schulmeister oder Magister oder wer es ist, der Knaben treulich erzieht und lehrt, dem kann man nimmermehr genug Lohn geben und mit keinem Gelde bezahlen.

Martin Luther, 1530

Angewandte Mathematik, Modellbildung (Modellierung) und Informatik — was ist das eigentlich? Dahinter steckt in gewisser Weise die alte Vorlesung *Numerik für Lehramtskandidaten*, die unter diesem (oder ähnlichem) Titel an unseren Hochschulen für Studierende des Lehramtes angeboten wird. Allerdings macht es wenig Sinn, gerade wenn man an die Schulen denkt, Numerische Mathematik als Selbstzweck zu präsentieren. Wo ist der Sinn von Interpolation, Approximation und der Lösung linearer Systeme, wenn ich gar nicht weiß, in welch vielfältigen Problemen diese Techniken anwendbar sind? Bei der Suche nach Anwendungen stößt man selbstverständlich auf die **Modellierung** technischer, ökonomischer und biologischer Fragen. Desweiteren muss das Modell in irgendeiner Form auf einen Rechner abgebildet werden, wozu man einige Kenntnisse aus der **Informatik** benötigt. Bei dieser Implementierung des Modells spielen natürlich Algorithmen der **Numerischen Mathematik** eine zentrale Rolle. Damit ist der etwas längliche Titel dieser Vorlesung vollständig erklärt und die Vorlesung inhaltlich abgesteckt.

Der Abschluss eines jeden Modellierungszyklus besteht in der Implementierung eines Simulationsprogramms auf einem Computer. Dazu muss man das numerische Modell in einer **Programmiersprache** in eine für die Maschine verarbeitbare Form bringen. Wir haben an dieser Stelle unsere Wahl — Java — zu rechtfertigen. Wenn Sie schon etwas Erfahrung haben, werden Sie wissen, dass es sehr viele Programmiersprachen gibt: FORTRAN, Pascal, C und wie sie alle heißen. FORTRAN (von FORmula TRANslator) ist eine uralte Sprache, deren Wurzeln bis in die 50er Jahre zurückreichen, die sich aber nach wie vor einiger (abnehmender) Beliebtheit in Ingenieurskreisen erfreut. Das Konkurrenzprodukt hieß damals ALGOL (von ALGOrithmic Language), war aber nur für geringe Zeit wirklich erfolgreich und ist heute tot. Pascal ist eine hübsche kleine, vom Schweizer Niklaus Wirth in den siebziger Jahren entwickelte Sprache, die man sehr schön zur Erlernung der strukturierten Programmierung verwenden konnte. Aus diesem Grund war sie (und ist(?)) an Schulen sehr beliebt. Die Sprache C ist ebenfalls alt. Sie wurde im Zuge des Betriebssystems Unix entwickelt und ist eine *harte* Sprache. Ihr Sprachumfang ist zwar sehr klein, aber ein gutes C-Programm verwendet das Konzept von Zeigern (pointern) und kann dadurch äußerst komplexe Operationen durchführen, aber auch schnell unübersichtlich werden. In unserer Zeit hat es sich durchgesetzt, **objektorientierte** Programmiersprachen zu verwenden. Die Idee der Objektorientierung ist zwar ebenfalls nicht neu, aber erst heute sind unsere Computer und die auf ihnen laufenden Werkzeuge mächtig genug, um diese Idee in die Tat umzusetzen. Ein **Objekt** besteht dabei im wesentlich aus **Daten** und **Methoden**, die gemeinsam in Form einer sogenannten **Klasse** implementiert werden. Eine in der Praxis häufig verwendete Sprache ist C++ ('Zeh plus plus'), die so entwickelt wurde, dass ein C-Programmierer jederzeit den Umstieg wagen kann. Noch moderner – und vermutlich in der Zukunft die Sprache der Wahl – ist Java ('Dschawa', nicht 'Jawa'!). Java basiert ebenfalls auf C, ist aber bedingungsloser der Objektorientierung gewidmet als C++. Ein Programm selbst ist bereits eine Klasse! Wir haben uns für Java entschieden, weil Sie damit eine moderne, zukunftsträchtige Sprache kennenlernen, die auf PCs unter Windows ebenso verfügbar ist wie auf Unix-Rechnern oder Groß-rechnern. Die Chance, als PC-Benutzer an Java vorbeizukom-men, ist äußerst gering, zumal Java *die* Sprache des Internets ist. Java kommt mit einer eigenen Graphik, mit sogenannten App-lets lassen sich bewegte Bilder erzeugen, die im Browser laufen, etc., etc. Bei der heutigen PC-Ausstattung der Schulen ist es si-cher, dass Java vorhanden ist, was man von keiner der anderen Sprachen sagen kann. Wir können (und wollen(!)) Ihnen die ge-samte Sprache gar nicht zeigen und es würde auch mehr verwir-ren als erhellen. Wenn Sie unsere Programme nur passiv aus-probieren möchten, benötigen Sie lediglich einen funktionsfähi-gen Java-Interpreter. Sollten Sie mehr über die Sprache wissen wollen, dann verweise ich Sie auf eine inzwischen unüberschau-bar gewordene Anzahl von Lehrbüchern. Uns hat am besten das Buch [7] von Richard Davies gefallen, da es sich wirklich mit der Umsetzung mathematischer Algorithmen beschäftigt. Auch das Buch [20] aus der Schaum-Reihe ist empfehlenswert. Das Buch [18] von Norman Hendrich ist eine sehr schöne Einführung in die Sprache. Aus der '... für Dummies'-Reihe stammt [22]. Hier geht es deutlich mehr um das Schreiben von Applets (lu-stige bunte Männchen laufen über den Bildschirm), aber das ist ja schließlich auch ein wichtiger Bestandteil von Java. Eine Standard-Referenz ist sicher das Werk [11] von David Flana-gan. Hier sollte sich kein Anfänger versuchen! Die Information ist so dicht gepackt, dass ein zweiter Band [12] nötig war, um die Programmierbeispiele aufzunehmen. *Die* Standard-Referenz ist wohl das Buch [19], sozusagen die von den Erfindern (der Fir-ma SUN) abgesegnete Bibel. Bei 742 Seiten versteht es sich aber von selbst, dass hier nur noch echte Java-Freaks ins Schwärmen geraten.

Nun zu den Inhalten. Im ersten Kapitel diskutieren wir drei grundsätzliche Schritte in der Modellierung, die den Rahmen dieses Buches abstecken. Dann wenden wir uns in Kapitel 2 der Modellierung eines einfachen Wachstumsvorganges zu. Hier ist das Lernziel, dass der Übergang von einem kontinuierlichen ma-thematischen Modell zu einem diskreten numerischen Modell mit großer Vorsicht durchzuführen ist. Wir begeben uns dabei auf das Gebiet der nichtlinearen Dynamik, die mit dem Stichwort des *Chaos* verbunden ist. Zwei weitere diskrete Modelle runden das Kapitel ab. In Kapitel 3 geht es um das Problem eines Zirkelherstellers, der um seinen Gewinn fürchtet. Bei der Analyse seiner Verkaufszahlen stoßen wir auf ein Interpolationsproblem, was uns zu den linearen Splines führt. Bei der weiteren Analyse der Verkaufszahlen tritt das Problem der numerischen Nullstellensuche auf, das wir durch das einfache Bisektionsverfahren lösen. Diese einfachen Hilfsmittel erlauben bereits eine befriedigende Lösung des Wirtschaftlichkeitsproblems. Natürlich möchten interessierte Geister nun etwas mehr über die Problemfelder *Interpolation* und *Nullstellensuche* erfahren und das erforderliche Material findet sich in zwei Exkursen. Wegen der enormen praktischen Bedeutung gehen wir etwas genauer auf *Splines* ein. Kapitel 4 befasst sich mit der einfachsten Form, Nachrichten zu verschlüsseln. In diesem Kontext können wir nämlich eine der wichtigsten Hilfsfunktionen in der Numerik – die Modulo-Funktion – einführen. Kapitel 5 ist der Lösung linearer Gleichungssysteme gewidmet. An Hand zweier Modellierungsbeispiele arbeiten wir uns zum Gaußschen Algorithmus vor, mit dessen Hilfe wir konstruktiv alle wichtigen Fragen der Lösbarkeit linearer Systeme beantworten können. Das Gebiet der iterativen Löser ist in den letzten Jahrzehnten förmlich explodiert, so dass ich auf entsprechende Fachliteratur verweisen muss. Wir haben uns auf eine klassische Methode – das Gauß-Seidel-Verfahren – beschränkt. Ein in gewisser Hinsicht zentrales Kapitel ist Kapitel 6 über die Verkehrsmodellierung auf Straßen. Hier gehen wir in der Modellierung tatsächlich bis hin zu nichtlinearen partiellen Differenzialgleichungen! Entgegen ernsten Befürchtungen, die Lehramtskandidaten zu überfordern, erwies sich dieses Kapitel als echter Renner; vielleicht ist das Autofahren heute ja schon eine kulturelle Kollektiv-Ur-Erfahrung? In Kapitel 7 kommt der Zufall zu Wort. In der Numerik spielt der Zufall in Form der Monte-Carlo-Methoden eine immer größer werdende Rolle, aber auch in diskreten Modellen der Diffusion und in zellulären Automaten taucht der Zufall in Form von Markov-Prozessen auf. Noch komplexer wäre eine stochastische Beschreibung der Turbulenz. Alle aufgeführten Beispiele gehen bereits weit über den Rahmen unserer Vorlesung hinaus. Daher habe ich mich auf den zentralen Aspekt der Zufallszahlengeneratoren beschränkt. Bei der Diskussion der Normalverteilung taucht allerdings ein nicht elementar integrierbares Integral auf und ich konnte mir einen Abstecher in die Quadraturverfahren an dieser Stelle nicht verkneifen. Im letzten Kapitel 8 stehen Räuber-Beute-Modelle im Vordergrund. Wir starten mit dem klassischen Lotka-Volterra-Modell, erläutern daran elementare Methoden zur Integration gewöhnlicher Differenzialgleichungen und kontrastieren das kontinuierliche Modell mit dem diskreten Wasserplaneten Wator, auf dem Haie und andere Fische leben. Bei der Beschreibung von Wator begegnen uns an prominenter Stelle die Modulo-Funktion und ein Zufallszahlengenerator, für die wir bereits in früheren Kapiteln vorgearbeitet haben.

Sie werden schnell feststellen, dass die einzelnen Kapitel sehr *unausgewogenen* sind. Ich sehe dieses Problem auch! Der Behandlung von Interpolation, Nullstellensuche und Transportgleichungen ist ungleich viel mehr Platz gewidmet als der Lösung linearer Gleichungssysteme, der numerischen Lösung gewöhnlicher Differenzialgleichungen oder der stochastischen Simulation. Die Leserin/der Leser möge mir verzeihen! Dieses Buch versucht lediglich, die Welt der Modellierung für Studierende des Höheren Lehramtes in deutscher Sprache zu erschließen! Die getroffene Auswahl zeigt daher im wesentlichen die Vorlieben des Autors.

Zu jedem Kapitel gibt es Tipps zur Umsetzung in Java-Programme oder vollständige Java-Implementierungen auf der begleitenden **Internet-Homepage**

```
http://www.mathematik.tu-bs.de/FA-Workgroup/java/,
```

die von **Thorsten Grahs** entwickelt, aufgebaut und gewartet wird. Im Text eingestreut finden Sie Übungsaufgaben, die sich meistens auf das Schreiben von Programmen beziehen. So wie man Schwimmen nur dadurch erlernt, dass man ins Wasser geht und Schwimmen *praktiziert*, so lernt man den Umgang mit einer Programmiersprache nur durch den Umgang mit dieser Programmiersprache (alte buddhistische Weisheit).

Wenn Sie im Rahmen der Übungsaufgaben die Formulierung *Schreiben Sie ein* Java-*Programm*... finden, dann befindet sich ein entsprechendes Programm mit hoher Wahrscheinlichkeit auf unserer obigen Internetseite. Damit können Sie sehr schnell mit den Algorithmen "spielen" und sich einige Java-Implementierungen ansehen und davon lernen. Das sollte Sie jedoch *nicht* davon abhalten, an Ihrem Rechner *eigene* Experimente durchzuführen, und dazu gehört auch das eigene Entwerfen und Schreiben von Programmen! Nur dort, wo die Algorithmen etwas kitzlig sind, wie bei der Implementierung der dividierten Differenzen, finden Sie echte Java-Code-Schnipsel im Text.

Danken möchte ich besonders den Herren **Prof. Dr. U. Tietze** und **F. Förster** vom Institut für Didaktik der Mathematik und Elementarmathematik der TU Braunschweig. Beide haben eine allererste Version des Buchmanuskripts kritisch gelesen und durch ihre Bemerkungen haben sich *wesentliche* Verbesserungen ergeben. Insbesondere verdanke ich ihnen den festen Glauben an das Prinzip von Occams Rasierer, d.h. der bedingungslosen Verwendung der *einfachsten* Methoden zur *ersten* Erklärung eines Prinzips. Aus dem Buch [28] von Tietze et al. habe ich viele Anregungen gewonnen; ebenso aus dem von Förster et al. herausgegebenen ISTRON-Band [13].

In wesentlichen Teilen ist dieses Buch aus zwei Vorlesungen an der TU Braunschweig hervorgegangen, die ich in den Sommersemestern 2000 und 2001 gehalten habe. Diese Veranstaltung mit dem Titel **Schulbezogene Angewandte Mathematik, Modellierung und Informatik** bestand aus drei Semesterwochenstunden Vorlesung und zwei Stunden Übung, die von **Thorsten Grahs** betreut und im wesentlichen im Computerraum des Instituts für Analysis zugebracht wurde. Wir danken unseren Studierenden dieser beiden Vorlesungen, denn immerhin waren sie unsere

Versuchskaninchen!

Danken möchte ich meiner Familie, die mich beim Entwurf der Vorlesung, beim Schreiben des Buches und in den vielen, vielen Stunden, die man in unserer heutigen Zeit als Universitätsprofessor mit Planungen und Verwaltungsarbeit in endlosen Sitzungen verbringt, vermissen musste. Ihr ist daher dieses Buch gewidmet.

In diesem Sinne habe ich auch meinen engsten Mitarbeitern **Andrea Bürgel**, **Steffi Schmidt**, **Warisa Yomsatieankul**, **Thorsten Grahs**, **Asie Jemal Kabir** und **Ingo Thomas** für Ihr Verständnis zu danken, da sie in letzter Zeit häufiger auf mich verzichten mussten. Ganz besonders bedanke ich mich dabei bei der "Mutter" der Arbeitsgruppe, Frau **Dorothea Agthe**, für ihre nie nachlassende Geduld und die klaglose Übernahme vieler kleiner und großer Tätigkeiten, zu denen sie nie verpflichtet war.

Dank gebührt auch den Lehrern StD **Gerhard Brune** und StR **Uwe Feyerabend** des Wilhelm-Gymnasiums in Braunschweig. Von Ihnen habe ich durch ein gemeinsames, von der Volkswagenstiftung gefördertes Schulprojekt, Einblicke in die tägliche Arbeit mit Schülern bekommen, ohne die dieses Buch nicht seine jetzige Form bekommen hätte. Möge es auch für Lehrer und Schüler nützlich sein!

Weiterhin danken möchte ich Frau **Schmickler-Hirzebruch** vom Verlag Vieweg für die freundliche Aufnahme dieses Buches in das Verlagsprogramm.

Braunschweig *Thomas Sonar*
im August 2001

Inhaltsverzeichnis

Vorwort   7

1 Modellbildung oder: Wie hätte Leonardo modelliert?   **19**
1.1 Das konzeptionelle Modell   21
1.2 Das mathematische Modell   22
1.3 Das numerische Modell   22
1.4 Ein Beispiel   23
    1.4.1 Das konzeptionelle Modell   23
    1.4.2 Das mathematische Modell   24
    1.4.3 Das numerische Modell   26
1.5 Der Modellierungszyklus   29

2 Wie schnell wächst der Fußpilz?   **31**
2.1 Ein einfaches Modell   31
2.2 Ein realistischeres Modell   35
2.3 Weitere diskrete Modelle   40
    2.3.1 Masernepidemien   40
    2.3.2 Ein Alibi zur Mordzeit   46

3 Wie wirtschaftlich ist mein Betrieb?   **53**
3.1 Modellierung der Geschäftsdaten   53
    3.1.1 Lineare Splines   55
    3.1.2 Nullstellensuche   57
3.2 Exkurs: Interpolation mit Polynomen   59
    3.2.1 Lagrange-Polynome   59
    3.2.2 Die Algorithmen von Neville und Aitken
        und das Horner-Schema   62
    3.2.3 Das Newton-Polynom   67
    3.2.4 Dividierte Differenzen auf Javanesisch   71

    3.2.5 Interpolationsfehler 75
    3.2.6 Splines 78
  3.3 Exkurs: Nullstellensuche 98
    3.3.1 Einige wichtige Algorithmen 99
    3.3.2 Theorie der Iterationsverfahren 107

4 Wie sendet Asterix Geheimbotschaften an Teefax?   **113**
  4.1 Ein Verschlüsselungsmodell 114
    4.1.1 Die modulo-Funktion 116
    4.1.2 Javamodulonesisch 119
  4.2 Bemerkungen 120

5 Was haben Tomographie und Wasserleitungen gemeinsam?   **123**
  5.1 Computertomographie 123
  5.2 Ein Rohrleitungsnetz 128
  5.3 Der Gaußsche Algorithmus 130
  5.4 Zurück zur Modellierung 135
  5.5 Iterative Methoden 137
    5.5.1 Das Gauß-Seidel-Verfahren 139
    5.5.2 Problematische Systeme 141

6 Wie fließt der Straßenverkehr?   **145**
  6.1 Eine Frage der Betrachtung 145
  6.2 Das Geschwindigkeitsfeld 146
  6.3 Geschwindigkeit, Verkehrsfluss und Verkehrsdichte 148
    6.3.1 Fluss und Dichte 148
    6.3.2 Der Zusammenhang zwischen Geschwindigkeit, Fluss und Dichte 150
    6.3.3 Der Satz von der Erhaltung der Autos . . . 151
    6.3.4 Geschwindigkeitsmodelle 153
  6.4 Partielle Differenzialgleichungen 158
    6.4.1 Die Lösung der linearen Differenzialgleichung 159
    6.4.2 Die Ausbreitung linearer Dichtewellen . . 162
    6.4.3 Einschub: Numerik von Transportgleichungen 163
    6.4.4 Ungleichförmiger Verkehr 171
    6.4.5 Anfahrvorgang an einer grünen Ampel . . . 173

6.4.6 Unstetige Verkehrsdichte 176
6.4.7 Anhalten vor einer roten Ampel 181

7 Dem Zufall keine Chance? **185**
7.1 Zur Berechnung von Fläche und Volumen 185
7.2 Die Mathematik des Zufalls 189
7.3 Numerische Berechnung von Wahrscheinlichkeiten 193
7.4 Mehrdimensionaler Zufall 199
7.5 Wie werde ich zufällig? 201
7.5.1 Wie zufällig ist der Zufall? 204
7.6 Fortpflanzung und Genetik 206

8 Wie fängt der Hai die Beute? **211**
8.1 Das Lotka-Volterra-Modell 211
8.2 Eine qualitative Analyse 213
8.3 Numerische Modellierung 217
8.3.1 Die Taylor-Methode 219
8.3.2 Die Runge-Kutta-Verfahren 221
8.4 Ein diskretes Räuber-Beute-Modell 224
8.4.1 Die Modellannahmen von Wa-Tor 225
8.4.2 JaWa-Tor 227
8.5 Mahnende Worte 227

Literatur **229**

Index **233**

1 Modellbildung oder: Wie hätte Leonardo modelliert?

Einer der genialsten Naturbeobachter aller Zeiten war Leonardo da Vinci (1452-2. 5. 1519), der große Maler. Ihn interessierte das Phänomen des Vogelfluges ebenso wie die Wellenbildung auf einem dahinsprudelnden Bach oder die Funktion der Organe im menschlichen Körper. Um seine Neugier auf letzterem Gebiet befriedigen zu können, brachte er sich oft in Lebensgefahr. In einer Zeit, in der die medizinische Untersuchung Lebender bereits argwöhnisch betrachte wurde, bestach er Totengräber und Henkersgehilfen, die ihn dafür des Nachts zu den frischen Toten ließen, die

Bild 1.1: Leonardo da Vinci

er fachmännisch öffnete. Die Lage der Organe hielt er in extrem detaillierten Zeichnungen fest, die bis ins 19. Jahrhundert zur Ausbildung von Medizinern Verwendung fanden. Insbesondere dachte er über die Funktion der Organe nach und entdeckte das Funktionsprinzip der Herzklappen. Eine der heute noch anrührenden Zeichnungen, die im Schein einer flackernden Kerze in einer einsamen Leichenhalle entstanden ist, zeigt das tote ungeborene Kind, dass Leonardo in der Gebärmutter einer schwangeren Toten entdeckte.

Das Interesse Leonardos für die Funktionsweise des menschlichen Herzens war eng verknüpft mit seiner Liebe zur Strömungsmechanik. Neben dem Vogelflug, auf dessen Beobachtung Leonardos Konstruktion eines Flugzeuges zurückgeht, hatte es ihm das Wasser angetan. Er war der erste, der das Phänomen der Turbulenz, das ist die völlig ungeordnete, chaotische Strömung, qualitativ beschrieben hat. Er ist der Erfinder des Unterseebootes wie auch der Schwimmflossen und der Taucherbrille. Er schlägt bereits die Konstruktion von Schiffen vor, die durch eine doppelte Schiffswand unsinkbar sind. Im Alter hat er ein Selbstbildnis gezeichnet, das ihn bei der Beobachtung von um

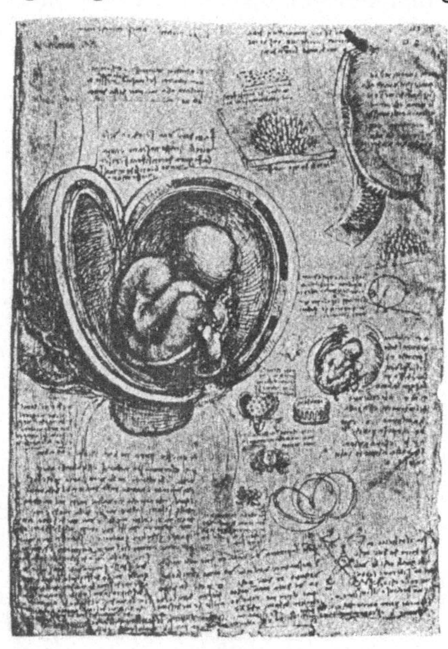

Bild 1.2: Ein toter Fötus

Hindernisse strömenden Wassers in tiefer geistiger Versenkung zeigt.

Was wäre geschehen, wenn Leonardo bereits über alle Segnungen unseres Zeitalters – Differenzialrechnung, Computer – hätte verfügen können? Er hätte sicher gerne das strömende Wasser oder den Flug des Vogels auf einem Computer *simuliert*. Dazu hätte er erst über ein **konzeptionelles Modell** verfügen müssen.

1.1 Das konzeptionelle Modell

Ein konzeptionelles Modell enthält alle Bestandteile des beobachteten Phänomens, die für seine adäquate Beschreibung tatsächlich relevant sind.

Stellen wir uns einen strömenden Bach vor, in den an einer bestimmten Stelle eine Substanz eingeleitet wird. Unsere Aufgabe ist es, die zeitliche Entwicklung der Konzentration dieser Chemikalie zu ermitteln. Beim strömenden Wasser ist die Form des Baches sicher wichtig, auch die Geschwindigkeit der Strömung an allen Stellen des Baches, aber sicher

Bild 1.3: Der alte Leonardo beobachtet Wasser

nicht, ob die Sonne scheint oder nicht! Befindet sich der Bach in den Tropen, dann spielt der Einfluss der Regenzeit eine grosse Rolle; in unseren Breiten können wir den Einfluss des Wetters wohl vernachlässigen. Sicher spielt auch das Profil des Baches, also der Verlauf seines Grundes, eine gewisse Rolle. Handelt es sich um einen rechteckig ausgeschachteten Bach, dann dürfen wir getrost die Tiefe des Baches vernachlässigen, haben also nur ein räumlich zweidimensionales Problem zu bewältigen.

Im Fall des Vogelfluges hätte Leonardo vielleicht die Bewegungen des Vogels vernachlässigt und ein konzeptionelles Modell entworfen, um einen starr segelnden Vogel zu beschreiben. Hier wäre die Flügelform sicher wichtig, aber nicht wichtig ist, ob der Vogel über einem Wald oder über einem Dorf fliegt. Ein konzeptionelles Modell kann aber noch viel weitergehendere Vereinfachungen beinhalten. Vielleicht hätte sich Leonardo überlegt, dass der Auftrieb des Vogels im wesentlichen vom Querschnitt seiner Flügel abhängt. Dann wäre das konzeptionelle Modell eines zweidimensionalen Flügelprofiles entstanden.

1.2 Das mathematische Modell

Das konzeptionelle Modell ist eine Sammlung von Fakten und Daten, die man in mathematische Formeln fassen muss, um zu einem mathematischen Modell zu kommen. Hätte Leonardo die Navier-Stokes-Gleichungen gekannt, die die vollständige Strömung von Luft beschreiben, hätte er diese Gleichungen als mathematisches Modell verwenden können. Er hätte an den Rändern des umströmten Vogels Randbedingungen vorschreiben müssen (Die Geschwindigkeit der Luft auf der Oberfläche des Vogels muss verschwinden), die Verhältnisse der Strömung bei Beginn des Fluges (Anfangsbedingung), und wäre so zu einem geschlossenen mathematischen Modell gekommen.
Andererseits hätte er sich auch überlegen können, dass Reibungseffekte vielleicht nicht so wichtig sind. Damit wäre er zu einem einfacheren mathematischen Modell gekommen, denn in den Navier-Stokes-Gleichungen hätte er noch die Turbulenz modellieren müssen (Die Strömung direkt hinter einem fliegenden Vogel – der sogenannte Nachlauf – ist in der Regel turbulent).
Das mathematische Modell ist demnach ein Satz von Gleichungen, meist gespickt mit Nebenbedingungen (Rand- und Anfangswerte). Leonardos Modell wäre ein **kontinuierliches Modell** gewesen, da es sich um Gleichungen handelt, die überall im Raum und der Zeit erfüllt sind. Im Gegensatz dazu gibt es auch **diskrete Modelle**, die das Verhalten von Größen von vornherein nur an bestimmten Punkten bzw. zu bestimmten Zeiten beschreiben. Wir werden auf diesen Unterschied bald zurückkommen.

1.3 Das numerische Modell

Die aus einer Naturbeobachtung resultierenden mathematischen Modelle sind in der Regel so komplex, dass an eine geschlossene Lösung nicht zu denken ist. Selbst wenn eine Lösung zu einem mathematischen Modell berechenbar sein sollte, ist der Aufwand in den allermeisten Fällen so groß, dass man auch dann *das Modell auf den Rechner bringt*. Den Prozess der Verwandlung eines kontinuierlichen mathematischen Modells in eine für Computer verdauliche Form nennt man **Diskretisierung**. Taucht im mathematischen Modell etwa die Ableitung $\frac{du}{dx}$ auf, so kann man diese – bis auf einen Fehler – durch den Differenzenquotienten $\frac{u(x+\Delta x)-u(x)}{\Delta x}$ ersetzen. Diese Ersetzung setzt voraus, dass die im mathematischen Modell noch kontinuierliche x-Achse nun ebenfalls diskretisiert worden ist, nämlich in der Form $\{x_i \mid x_i = i\Delta x, i \in \mathbf{Z}\}$. Natürlich kann man auch ganz andere Differenzen wählen, man hat also auch hier Freiheiten.

Diskrete Modelle sind dagegen sofort für den Computereinsatz geeignet. Allerhöchstens könnte man noch an weitere Vereinfachungen des diskreten mathematischen Modells denken, um Speicherplatz zu sparen, Rechengeschwindigkeit zu erhöhen, etc.

1.4 Ein Beispiel

Zur Illustration betrachten wir einen Fluss, in den an einer bestimmten Stelle eine Substanz eingebracht wird. Simuliert werden soll die zeitliche Entwicklung der *Konzentration* $t \mapsto u(x, t)$ der Substanz.

1.4.1 Das konzeptionelle Modell

Für das **konzeptionelle Modell** besuchen wir den Flussabschnitt und notieren die Ergebnisse einiger Messungen und weitere Beobachtungen. Sicher wichtig ist die Strömungsgeschwindigkeit $x, t \mapsto v(x, t)$ des Flusses und (damit sicher zusammenhängend) das Profil des Flussbettes. Beobachten und Messen können wir auch die Art der Verteilung der Substanz im Wasser. Während Quecksilber ohne Vermischung auf den Grund des Flusses sinken würde, verteilen sich andere Substanzen durch *Diffusion*.

Wir nehmen weiterhin den Bewuchs der Flussränder zur Kenntnis und informieren uns über das Wetter.

Nun schreiten wir zu einigen Vereinfachungen und Annahmen, die im Verlaufe des Modellierungsprozesses immer wieder hinterfragt werden sollten. Wir entschließen uns hier, dass das aktuelle Profil des Flussbettes nicht entscheidend ist. Damit brauchen wir kein drei-, sondern nur ein zweidimensionales Problem zu lösen! Außerdem wollen wir annehmen, dass unsere Messungen ergeben haben, dass sich die Verteilung im Wasser durch ein lineares Diffusionsproblem mit konstantem Diffuisonskoeffizienten beschreiben lässt[1]. Weiterhin sehen wir von Einflüssen des Wetters und des Uferbewuchses ab. Auch Durchlässigkeit des Flussbettes etc. wollen wir unberücksichtigt lassen.

1.4.2 Das mathematische Modell

Wir können nicht den gesamten Fluss von der Quelle bis zur Mündung modellieren. Daher sind wir gezwungen, einen Abschnitt des Flusses wie in Abbildung 1.4 zu betrachten. Dieses Flussstück nennen wir Ω und seine Randstücke Γ_k. Neben

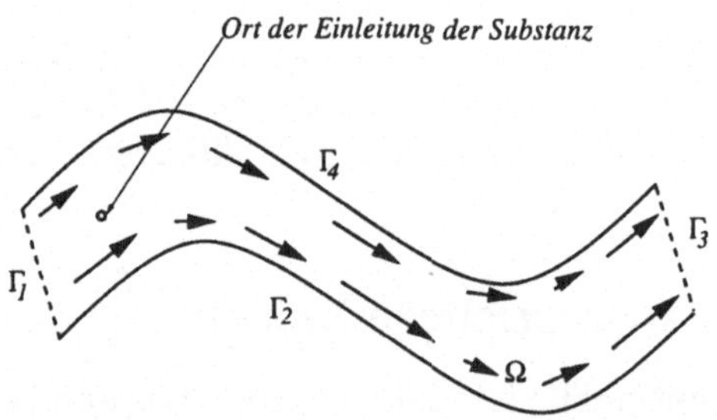

Bild 1.4: Der Flussabschnitt und das Geschwindigkeitsfeld

den durch das Ufer natürlicherweise gegeben Rändern Γ_2 und

---

[1] Es geht an dieser Stelle *nicht* darum, dass Sie jedes Detail verstehen. Uns geht es darum, dass Sie frühzeitig lernen, wie außerordentlich kompliziert *jeder* Schritt in der Modellierung sein kann!

Γ_4 haben wir uns durch das Herausschneiden eines Stückes zwei künstliche Ränder Γ_1 und Γ_2 eingefangen.

Der zu Beginn zu modellierende Effekt ist der reine *Transport* der Substanz mit der Geschwindigkeit v des Flusses. Dieser Effekt wird durch eine **Transportgleichung**

$$\frac{\partial u}{\partial t} + v \cdot \nabla u = 0$$

beschrieben[2]. Addieren wir unsere Annahme der Verteilung der Substanz durch lineare Diffusion, dann entsteht die **Konvektions-Diffusionsgleichung**

$$\frac{\partial u}{\partial t} + v \cdot \nabla u = \varepsilon \Delta u,$$

wobei $\varepsilon > 0$ den konstanten Diffusionskoeffizienten bezeichnet und $\Delta u := \frac{\partial^2 u}{\partial x^2} + \frac{\partial^2 u}{\partial y^2}$ den Laplace-Operator. Nun fehlt uns nur noch die **Quelle**, die über die Einbringung der Substanz Aussagen macht. Bezeichnen wir diese Quelle mit $x, t \mapsto S(x, t)$, dann folgt

$$\frac{\partial u}{\partial t} + v \cdot \nabla u = \varepsilon \Delta u + S.$$

Zur Lösung dieser Gleichung fehlen uns jetzt noch *Anfangs-* und *Randbedingungen*. Als Anfangsbedingung dient die Konzentration zur Zeit $t = 0$,

$$u(x, 0) := u_0(x).$$

Als Randbedingungen verwenden wir

$$\left. \frac{\partial u}{\partial n}(x, t) \right|_{\Gamma_2} = \left. \frac{\partial u}{\partial n}(x, t) \right|_{\Gamma_4} = 0,$$

wobei die Ableitungen in Richtung der äußeren Einheitsnormale n verläuft. Diese Randbedingung besagt, dass keine Konzentration durch das Ufer verschwindet. Nehmen wir an, dass der

---

[2]Wieder müssen Sie an dieser Stelle *nicht* wissen, dass diese partielle Differenzialgleichung, bei der $v \cdot \nabla u = v_1 \frac{\partial u}{\partial x} + v_2 \frac{\partial u}{\partial x}$ das Skalarprodukt bezeichnet, gerade den Transport der Konzentration bewerkstelligt, sondern nur glauben!

Rand Γ_1 *vor* der Quelle liegt und dass die Strömung des Flusses von Γ_1 weg zeigt (wie in Abbildung 1.4). Dann gilt für die Konzentration an Γ_1

$$u(x, t)|_{\Gamma_1} = 0.$$

Strömt der Fluss tatsächlich wie in Abbildung 1.4, dann dürfen wir bei Γ_3 *keine naive* Randbedingung vorgeben, denn die Konzentration dort wird sich ja erst im Laufe der Zeit ergeben! Solche Randbedingungen werden numerisch durch Vorgabe aus dem Inneren von Ω (man spricht von *Extrapolation*) realisiert. Damit haben wir folgendes mathematische Modell gewonnen: Löse das Anfangs-Randwertproblem

$$\begin{aligned}
\frac{\partial u}{\partial t} + v \cdot \nabla u &= \varepsilon \Delta u + S \quad \text{in } \Omega, \\
u(x, 0) &= u_0(x), \\
u(x, t)|_{\Gamma_1} &= 0, \\
\left.\frac{\partial u}{\partial n}(x, t)\right|_{\Gamma_2} &= \left.\frac{\partial u}{\partial n}(x, t)\right|_{\Gamma_4} = 0.
\end{aligned}$$

Bekannt sein müssen der Diffusionskoeffizient ε, die Quellfunktion S und die Strömungsgeschwindigkeit v. Diese Größen bezeichnet man auch als die **Parameter** des Modells.

1.4.3   Das numerische Modell

Zur numerischen Simulation müssen wir unser mathematisches Modell in eine *diskrete* Form bringen. Wir müssen dazu unseren Flussabschnitt in eine endliche Menge von Punkten zerlegen, an denen wir eine numerische Lösung berechnen wollen. Diese **Diskretisierung** des Gebietes Ω nennt man **Netzgenerierung**. Netzgenerierung ist eine außerordentlich wichtige Tätigkeit auf der Grenze zwischen Mathematik, Informatik und Ingenieurwissenschaften, die oft näher einer Kunst als einer Wissenschaft ist. Wenn Sie sich für die Techniken der Netzgenerierung interessieren, empfehlen wir Ihnen den Klassiker von Thompson et al.

[29]. Unser Netz (Gitter) für den Flussabschnitt ist in Abbildung 1.5 zu sehen. Die Schnittpunkte der Gitterlinien stellen Punkte dar, an denen wir numerische Resultate ermitteln können. Das Netz ist nichts weiter als ein *krummliniges, körperangepasstes Koordinatensystem.* Bezeichnen wir die neuen Koordinaten mit ξ und η und stellen uns die Linien unseres Netzes als $\xi = $ const. und $\eta = $ const. Linien vor, dann benötigen wir jetzt eine **Koordinatentransformation** in unserem mathematischen Modell, das vom x, y-Koordinatensystem auf das ξ, η-System der krummlinigen Koordinaten transformiert. Wir schreiben dazu

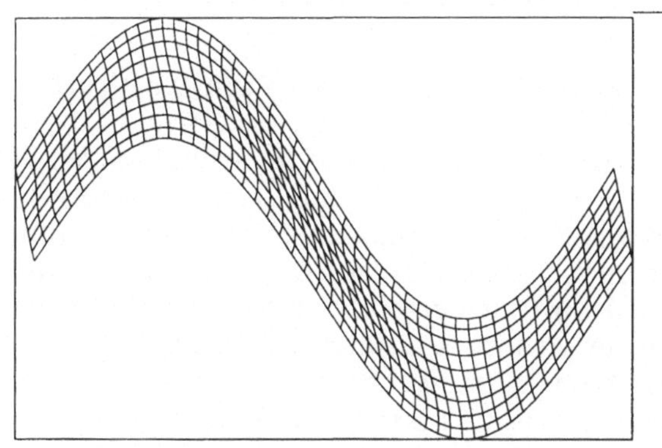

Bild 1.5: Die Diskretisierung eines Flussabschnittes

$$u = u(x(\xi, \eta), y(\xi, \eta), t)$$

und erhalten durch Differentiation

$$
\begin{aligned}
u_\xi &= u_x x_\xi + u_y y_\xi \\
u_\eta &= u_x x_\eta + u_y y_\eta,
\end{aligned}
$$

wobei wir zur besseren Übersichtlichkeit $u_x := \frac{\partial u}{\partial x}$ etc. geschrieben haben. Damit haben wir ein lineares Gleichungssystem der folgenden Form erhalten:

$$\begin{pmatrix} u_\xi \\ u_\eta \end{pmatrix} = \begin{pmatrix} x_\xi & y_\xi \\ x_\eta & y_\eta \end{pmatrix} = \begin{pmatrix} u_x \\ u_y \end{pmatrix}.$$

Leitet man nochmals ab, ergibt sich ein 3×3-System für die zweiten Ableitungen u_{xx}, u_{xy} und u_{yy}.

Löst man diese Systeme nach den Ableitungen u_x, u_y, u_{xx}, etc. auf und ersetzt diese Ableitungen in der Konvektions-Diffusionsgleichung, dann folgt

$$\frac{\partial u}{\partial t} + V \cdot \underbrace{\frac{1}{\sqrt{g}} \begin{pmatrix} y_\eta u_\xi - y_\xi u_\eta \\ -x_\eta u_\xi + x_\xi u_\eta \end{pmatrix}}_{=: \nabla_{(\xi,\eta)} U} = \varepsilon \Delta_{(\xi,\eta)} U + \tilde{S}.$$

Dabei bedeutet $U(\xi,\eta,t) := u(x(\xi,\eta,t), y(\xi,\eta,t))$, etc., $\tilde{S}(\xi,\eta,t) := S(x(\xi,\eta,t), y(\xi,\eta,t))$ und $\nabla_{(\xi,\eta)}$, $\Delta_{(\xi,\eta)}$ sind der Gradient bzw. Laplace-Operator im krummlinigen System. Die Größe $\sqrt{g} := x_\xi y_\eta - x_\eta y_\xi$ ist eine Größe der **Metrik** des Netzes und ist die Jacobi-Determinante der Transformation.

Den Ausdruck für den Laplace-Operator im krummlinigen System haben wir Ihnen erspart[3], da er bereits erheblich komplexer ist als der Ausdruck für den Gradienten $\nabla_{(\xi,\eta)} U$.

Nun schreiten wir zur eigentlichen Numerik. Unser Netz numerieren wir so, dass die Inkremente zwischen zwei ξ- und η-Linien gerade 1 sind. Dann können wir aber auch ξ und η durch die natürlichen Zahlen i und j ersetzen. Die Ableitungen nach ξ und η werden durch finite Differenzen angenähert, z.B.

$$x_\xi \approx \frac{x_{i+1,j} - x_{i-1,j}}{2}$$

$$\frac{\partial u}{\partial t} \approx \frac{U_{ij}(t + \Delta t) - U_{ij}(t)}{\Delta t},$$

usw. Damit ergibt sich als numerisches Modell

$$U_{ij}(t + \Delta t) = U_{ij}(t) + \Delta t \begin{pmatrix} \text{Differenzenausdrücke} \\ \text{für } \nabla_{(\xi,\eta)} U, \Delta_{(\xi,\eta)} U \end{pmatrix} + \Delta t \tilde{S}_{ij}$$

---

[3]Wir wollen diese Modellierungsaufgabe ja gar nicht bis zum letzten Detail zu Ende bringen; sie soll uns nur als halbwegs realistisches Beispiel dienen.

für die Gitterpunkte (i,j) mit punktweise gegebenen Anfangs- und Randbedingungen.

Dieses numerische Modell ist eine **Differenzengleichung**, die man auf einem Computer implementieren und deren Eigenschaften man mit Hilfe der **Numerischen Analysis** ermitteln muss.

1.5   Der Modellierungszyklus

Zusammenfassend kann man Modellierung in graphischer Form als Kreislauf auffassen, so wie in Abbildung 1.6 dargestellt. Der

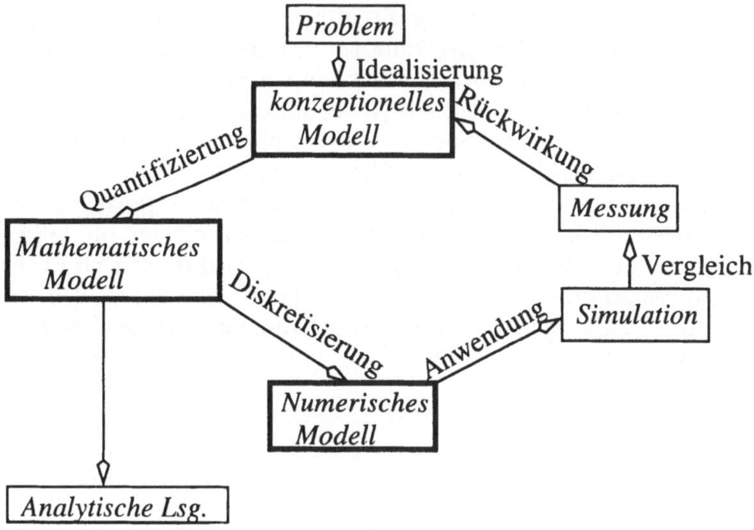

Bild 1.6: Der Modellierungskreis

linke Teil dieses Graphen wird als **Modellentwicklung und Modellverifikation** beschrieben, der rechte Teil als **Modellvalidierung und Prozessidentifikation**. Wir könnten beide Teile weiter analysieren und den Modellierungskreis dadurch verfeinern,

aber für unsere Zwecke ist Abbildung 1.6 detailiert genug.
Den Teil der Modellentwicklung haben wir an Hand unseres
Beispiels halbwegs vollständig beschrieben. Nun würde die eigentliche **Simulation** erfolgen, d.h. verschiedene Läufe auf dem
Computer. Man kann daran denken, dass verschiedene Parameterstudien durchgeführt werden könnten, z.B. Computerergebnisse für verschiedene Wahlen des Diffusionskoeffizienten oder
der Quellfunktion. In jedem Fall müssen die numerischen Resultate einem **Vergleich mit Messungen** standhalten können, um
unser Modell zu validieren. Diese Messungen werden im allgemeinen an einem Labormodell unseres Flusses durchgeführt
werden müssen, denn den Diffusionskoeffizienten werden wir im
Fall einer Fabrik, die Abwässer in einen Fluss leitet, nicht ohne
weiteres ändern können. Das Ergebnis des Vergleichs mit Messungen hat direkte **Rückwirkung auf das konzeptionelle Modell**,
denn falls wir die Laborergebnisse mit unserer Numerik *nicht*
nachrechnen können, müssen wir unsere Anfangsüberlegungen
zum konzeptionellen Modell in Frage stellen. Dann beginnt der
Modellierungszyklus erneut. Wir können erst dann zufrieden
sein, wenn wir die Laborergebnisse hinreichend genau numerisch nachvollziehen können. Dann ist die Arbeit des Modellierers aber noch nicht abgeschlossen, denn nun muss sich unser
Computerprogramm im "wirklichen Leben" bewähren, d.h. an
der Simulation der wirklichen Flussströmung. Das ist aber eine
andere Geschichte ...

2 Wie schnell wächst der Fußpilz?

Wir wollen uns zu Beginn mit Modellen befassen, die das Wachstum von Lebewesen beschreiben. Zur besseren Vorstellbarkeit denke man etwa an den allseits beliebten Fußpilz.

2.1 Ein einfaches Modell

Wir beginnen mit einem ganz einfachen mathematischen Modell zur Populationsdynamik[1]. Dazu sei $t \geq 0$ die Zeit und $t \mapsto x(t)$ eine Abbildung, die die Anzahl der Lebewesen einer Population zur Zeit t angibt. Eine erste Idee wäre etwa, die zeitliche Änderung der Population mit der Größe der Population selbst zu koppeln. Ist die Population bereits sehr groß, dann soll auch ein großes Wachstum vorliegen. Das entspricht ja immerhin der Erfahrung, denn viele Lebewesen produzieren schließlich auch mehr Nachwuchs als eine kleine Gruppe. Gießen wir diese Überlegungen in mathematische Formeln und erinnern uns, dass die zeitliche Änderung der Population gerade durch $\frac{dx}{dt}$ gegeben ist, dann erhalten wir die folgende **Differenzialgleichung**:

$$\frac{dx}{dt} = rx, \quad r \in \mathbf{R}$$
$$x(0) = x_0.$$

Hierbei ist r ein Proportionalitätsfaktor, der dem unterschiedlichen Verhalten unterschiedlicher Lebewesen Rechnung tragen soll (d.h., r wird vorgegeben). Um das mathematische Modell

---

[1] Diese Klasse von Modellen finden Sie an vielen verschiedenen Stellen, z.B. bei Bossel [3] oder im ISTRON-Heft [13], aber auch in jedem Buch über Differenzengleichungen und diskrete Dynamische Systeme.

zu vervollständigen, haben wir einen Anfangswert bei $t = 0$ vorgegeben, also eine Population zur Zeit $t = 0$, deren zeitliche Entwicklung wir verfolgen wollen.

Wie löst man solche Differenzialgleichungen? Hier haben wir
Glück, unser mathematisches Modell erlaubt die exakte Berechnung einer Lösung nach der **Methode der Trennung der
Veränderlichen**. Dabei erlaubt man, mit den Differenzialen dx
und dt so wie mit Zahlen zu rechnen, und sortiert die Terme in
der Gleichung so um, dass alle Terme, die nur von x abhängen,
auf die linke Seite kommen, während alle Terme, die nur von t
abhängen, auf die rechte Seite gebracht werden. Die Proportionalitätskonstante r hängt weder von x, noch von t ab, und kann
daher auf jeder Seite der Gleichung stehen. Die Trennung geht
also so:

$$\frac{dx}{dt} = rx \quad \Rightarrow \quad \frac{dx}{x} = r\, dt.$$

Nun integrieren wir beide Seiten dieser Gleichung und erhalten

$$\frac{dx}{x} = r\, dt \quad \Rightarrow \quad \int \frac{dx}{x} = \int r\, dt \quad \Rightarrow \quad \ln|x| = rt + K.$$

Wissen Sie noch mit Sicherheit, warum beim Logarithmus der
Betrag auftaucht? Nun, die Funktion $]-\infty, 0[\cup]0, \infty[\ni x \mapsto \frac{1}{x}$ hat
zwei 'Äste', nämlich je einen für $x < 0$ und $x > 0$. Die Äste sind
symmetrisch zur Winkelhalbierenden $y = x$, so dass die Ablei-
tung von $\ln|x|$ tatsächlich für alle $x \neq 0$ die Funktion $\frac{1}{x}$ ergibt.
Die Konstante K ist eine Integrationskonstante, die Sie aus der
Berechnung unbestimmter Integrale sicher noch kennen.

Nach Anwendung der Exponentialfunktion exp folgt also

$$x(t) = Ce^{rt}, \quad C \in \mathbf{R}.$$

Aus unseren Anfangswerten ergibt sich, dass die Anfangspopulation zur Zeit $t = 0$ gerade x_0 betragen soll. Da aus der Lösung
$x(0) = C$ folgt, muss also die Integrationskonstente C gleich der
Anfangspopulation x_0 sein. Damit haben wir als Lösung unseres
Problems

$$x(t) = x_0 e^{rt}$$

erhalten. Wir können drei verschiedene Arten von Lösungen ausmachen:

1. $r = 0$: Dies ist die langweiligste Lösung, denn es gilt $x(t) = x_0$ für alle Zeiten. Die Population bleibt ewig gleich, niemand stirbt oder wird geboren.

2. $r > 0$: Hier liegt der Traum unserer Politiker und Wirtschaftsbosse vor: unbeschränktes Wachstum! Es gilt $\lim_{t \to \infty} x(t) = \infty$. Stellen Sie sich diese Situation einmal bei einer Fußpilzpopulation vor!

3. $r < 0$: Noch ein langweiliger Fall, denn es gilt $\lim_{t \to \infty} x(t) = 0$, die Population stirbt also unabhängig von der Anfangspopulation aus.

Unser Modell hat also keine besonders bestechende Dynamik. Insbesondere nimmt es keinerlei Rücksicht auf bekannte Zusammenhänge: Bakterien in einer Petrischale vermehren sich nicht mehr so gut, wenn die Population eine gewiße Dichte erreicht hat (Knappheit der Nahrung, etc.), während das Wachstum größer ist, wenn genügend Platz in der Schale ist. In einem realistischeren Modell würde daher Wachstum bis zu einer Grenze einsetzen, an der die Sterblichkeit in der Population zu überwiegen beginnt, bis wieder neues Wachstum einsetzen kann, usw.
Sehen wir nun zum Vergleich die Diskretisierung unseres kontinuierlichen Modells an. Dazu lassen wir die Zeit in unserem diskreten Universum in Schritten der Größe Δt vergehen. Jedesmal, wenn unsere digitale Uhr einmal tickt, ist also die Zeit von Δt vergangen. Dann ersetzen wir den Differenzialquotienten dx/dt durch den **Differenzenquotienten**

$$\frac{\Delta x}{\Delta t} := \frac{x(t + \Delta t) - x(t)}{\Delta t}.$$

Bemühen wir die Taylor-Reihe

$$x(t + \Delta t) = x(t) + \Delta t \frac{dx}{dt}(t) + \mathcal{O}\left((\Delta t)^2\right),$$

dann wird deutlich, dass

$$\frac{\Delta x}{\Delta t} = \frac{dx}{dt} + \mathcal{O}(\Delta t)$$

gilt. Man sagt, der gewählte Differenzenquotient sei eine **Approximation erster Ordnung** an den Differenzialquotienten. Zur Erinnerung: Eine Funktion $h(t)$ ist ein 'groß O' von t, in Zeichen $h(t) = \mathcal{O}(t)$, wenn es eine Konstante $C > 0$ gibt, so dass $|h(t)| \leq C|t|$ gilt. Daraus folgt insbesondere $|h(t)/t| \leq C$. Nehmen wir aus Gründen der Einfachheit $\Delta t = 1$ an und setzen $x^{(0)} := x(0), x^{(1)} := x(\Delta t)$, usw., dann lautet unsere Differenzengleichung

$$x^{(n+1)} - x^{(n)} = rx^{(n)}, \quad n = 0, 1, 2, \dots .$$

Durch Umstellung sehen wir

$$\begin{aligned}
x^{(n+1)} = x^{(n)} + rx^{(n)} &= (1+r)x^{(n)} \\
&= (1+r)^2 x^{(n-1)} \\
&\ \ \vdots \\
&= (1+r)^{n+1} x^{(0)}.
\end{aligned}$$

Nun studieren wir das Lösungsverhalten dieses Modells und erhalten eine etwas reichere Struktur als im kontinuierlichen Fall:

1. $r > 0$: Dieser Fall ist der uninteressante Fall ungehemmten Wachstums, den wir schon bei der Differenzialgleichung gefunden hatten.

2. $r = 0$: Wieder uninteressant, die Population ist auf ewig festgefroren.

3. $-2 < r < 0$: Die Population stirbt aus, denn es gilt $\lim_{n\to\infty} x^{(n)} = 0$.

4. $r = -2$: Die Population springt (alterniert) zwischen $+x^{(0)}$ und $-x^{(0)}$!

5. $r < -2$: Es existiert kein eigentlicher Grenzwert!

Nun könnten (und sollten!) Sie argumentieren, dass die Struktur der diskreten Lösung gar nicht sooo viel reichhaltiger ist als die Struktur des kontinuierlichen Modells. O.k., 1:0 für Sie! Aber wir haben noch ein Beispiel im Ärmel!

2.2 Ein realistischeres Modell

Betrachten wir ein realistischeres Modell. Wenn die Population zu groß wird, soll sie wegen Überbevölkerung wieder kleiner werden. Unterschreitet die Population eine gewisse Schranke, dann ist wieder genug Platz zum Wachsen da und die Population wird größer. Ein kontinuierliches Modell lässt sich damit in der Form

$$\frac{dx}{dt} = rx(L - x), \quad r, L \in \mathbf{R}, L > 0$$
$$x(0) = x_0$$

angeben. Für $r > 0$ gilt: Ist $x = L$, dann ist $dx/dt = 0$ und die Population ändert sich nicht. Für $x > L$ ist $dx/dt < 0$ und die Population wird kleiner, für $x < L$ ist $dx/dt > 0$ und die Population wächst.

Wir geben die Lösung dieses Anfangswertproblems ohne Beweis an[2]:

$$x(t) = \frac{Lx_0 e^{Lrt}}{L - x_0 + x_0 e^{Lrt}}.$$

Die Lösung ist für $L = 1, x_0 = 0.1, r = 3$, in Abbildung 2.1 gezeigt. Wie erwartet sehen wir einen raschen Anstieg der Population, bis die Nähe des magischen Wertes $x = L = 1$ das Wachstum rasch abbremst. Sie können gerne mit ihrem Lieblingsgraphik-

---

[2]Wenn Sie uns nicht trauen (und das sollten Sie nie!), können Sie die Lösung nach t ableiten und sehen, ob sie die Differenzialgleichung inkl. der Anfangsbedingung erfüllt.

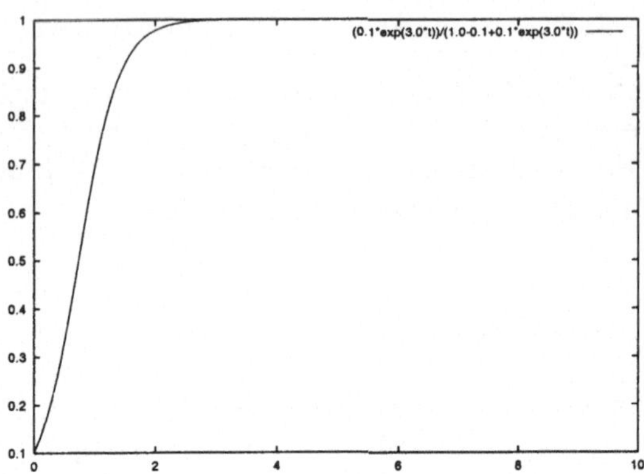

Bild 2.1: Lösung des verbesserten Populationsmodells

programm experimentieren und andere Werte für L, r und x_0 vorschreiben, am qualitativen Verhalten der Lösung wird sich nichts ändern.

Ganz anders im diskreten Modell! Wie oben ersetzen wir den Differenzialquotienten durch den Differenzenquotienten $(x(t + \Delta t) - x(t))/\Delta t$ und rechnen der Einfachheit halber mit $\Delta t = 1$ und $L = 1$. Dann erhalten wir die Differenzengleichung

$$x^{(n+1)} = x^{(n)} + rx^{(n)}\left(1 - x^{(n)}\right).$$

Dies ist gerade die berühmte **logistische Differenzengleichung**

$$x^{(n+1)} = (1 + r)x^{(n)} - r\left(x^{(n)}\right)^2 \tag{2.1}$$

Nun ist ein Computer erforderlich! Wir wollen Lösungen dieser Differenzengleichung berechnen und dabei etwas am Parameter r spielen.

Übungsaufgabe: Schreiben Sie ein `Java`-Programm `LogistischeGleichung.java`, in dem Sie die Differenzengleichung implementieren. Betrachten Sie x_0 und r als Eingabeparameter.

In unseren Experimenten sei stets $x_0 = 0.1$. Für den Wert $r = 1.5$ erhalten wir die in Abbildung 2.2(a) dargestellte Lösung. Bis auf einen kleinen Einschwingvorgang sieht die Lösung wirklich wie eine diskretisierte Lösung der Differenzialgleichung aus. Bereits für $r = 2.5$ erhalten wir aber die mit konstanter Amplitude oszillierende Lösung, die in Abbildung 2.2(b) zu sehen ist. Eine solche Lösung ist ganz sicher nicht die Lösung des kontinuierlichen Modells. Aber es wird noch geheimnisvoller! Für $r = 3$ erhalten wir eine chaotisch oszillierende Lösung, in

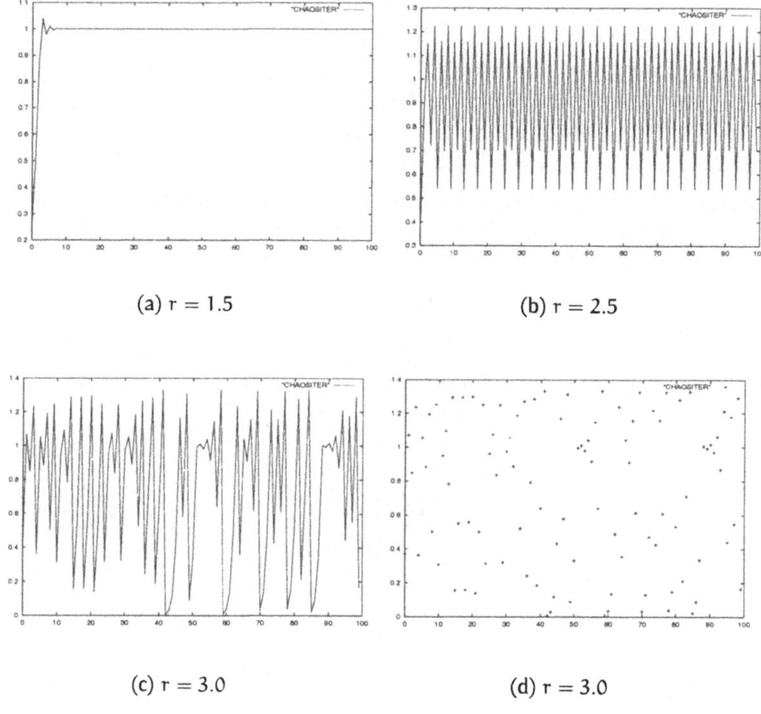

(a) $r = 1.5$

(b) $r = 2.5$

(c) $r = 3.0$

(d) $r = 3.0$

Bild 2.2: Lösungen der logistischen Differenzengleichung

der keine Regelmäßigkeiten zu erkennen sind, siehe Abbildung 2.2(c). Zeichnet man nur die Punktwerte, ohne sie linear zu verbinden, dann ergibt sich Abbildung 2.2(d). In dieser Form sieht man sehr schön, dass sich ein vollständig unregelmäßiges Muster ergibt.

Zur weiteren Untersuchung dieses seltsamen Verhaltens kann man wie folgt vorgehen. Man berechnet für jedes r aus einem vorgebenen Intervall 5000 Iterationen, also 5000 Iterierte $x^{(n)}, n = 0, \ldots, 4999$. Danach sollte die Lösung der Differenzengleichung sich eingeschwungen haben. Dann schreibt man die folgenden 120 iterierten Werte $x^{(n)}, n = 5000, \ldots, 5120$ in eine Datei. So verfährt man mit jedem r-Wert aus dem Intervall. Wir wählen $1.9 < r < 3.0$.

Übungsaufgabe: Schreiben Sie ein Java-Programm Chaos.java, das die oben beschriebene Strategie implementiert. Schreiben Sie die Ergebnisse in die Datei CHAOS.

Nun zeichnen wir aus der Datei CHAOS die Iterierten über dem Wert von r in ein Diagramm und erhalten die Abbildung 2.3(a). Bis etwa $r = 2$ erhalten wir genau eine (stationäre) diskrete

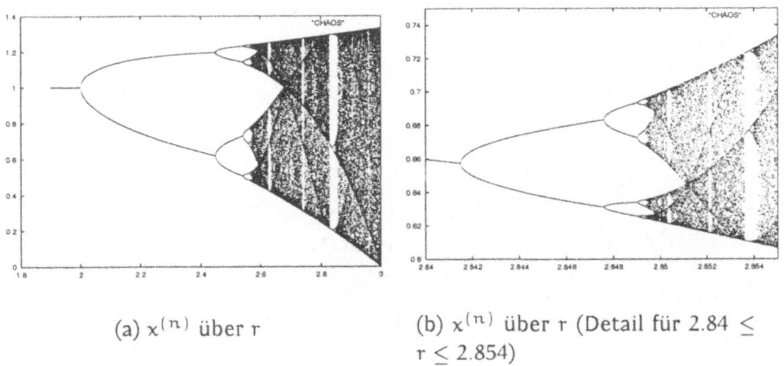

(a) $x^{(n)}$ über r

(b) $x^{(n)}$ über r (Detail für $2.84 \leq r \leq 2.854$)

Bild 2.3: Chaotisches Verhalten der logistischen Differenzengleichung

Lösung, dann tauchen plötzlich Lösungen auf, bei denen immer zwei Werte sich abwechseln (oszillierende Lösungen mit konstanter Amplitude). Ab etwa $r = 2.45$ tauchen dann oszillierende Lösungen mit vier Werten auf, ab etwa $r = 2.55$ mit acht Werten. Für größere r sehen wir nur noch ein verwirrendes, chaotisches Muster. Aber es gibt auch Inseln der Ordnung in der scheinbaren Unordnung! Vergrößert man das Diagramm im Rechteck $2.84 \leq r \leq 2.854, 0.6 \leq x^{(n)} \leq 0.74$, dann sieht man das in Abbildung 2.3(b) gezeigte Bild: Auf einer kleineren Skala spielt sich offenbar genau dasselbe ab, wie auf der großen Skala!

Nun, wir glauben, diese Runde geht an uns! Der diskrete Fall ist offenbar doch wesentlich interessanter und reicher strukturiert als der kontinuierliche Fall.

Dies sollten Sie für sich aus dieser ersten Lektion mitnehmen: Ein numerisches Modell kann über eine viel reichhaltigere Lösungsmenge verfügen als ein mathematisches Modell! Das 'diskrete Universum' ist geheimnisvoller, ja, auch schöner als das kontinuierliche Universum!

2.3 Weitere diskrete Modelle

2.3.1 Masernepidemien

Masern[3] werden durch Viren übertragen und sind höchst infektiös. Die Ansteckung erfolgt im Kontakt zweier Menschen miteinander und es werden fast ausschliesslich Kinder betroffen. Aus Statistiken in England und den USA weiß man, dass es etwa alle zwei bis drei Jahre zu einer regelrechten Masernepidemie kommt. In Entwicklungsländern hingegen sind die Zeiträume zwischen zwei Epidemien erheblich kürzer! Wichtige Fragen betreffen daher die Faktoren, die den zeitlichen Verlauf und die Schwere einer Epidemie bestimmen. Wir wollen Daten aus einer mittelgroßen englischen Stadt zugrunde legen, in der eine Masernstatistik angefertigt wurde.

Betrachten wir ein einzelnes Kind, das noch nicht mit Masern infiziert ist. Solch ein Kind wollen wir *empfänglich* nennen. Sofort nach der Infektion gibt es eine latente Periode von einer Woche (die Inkubationszeit), in der das Kind keine anderen Kinder anstecken kann, und in dem es auch noch keine Krankheitsanzeichen hat (Das Virus hat sich einfach noch nicht hinreichend vermehrt). Nach dieser Woche ist das Kind *infektiös* und kann andere Kinder anstecken. Diese Zeit dauert ebenfalls eine Woche. Nach dieser Zeit erscheinen die typischen roten Pusteln und das Kind erholt sich wieder. Dann kann dieses Kind nicht mehr angesteckt werden und ist immun gegen das Masernvirus.

Wir wollen ein paar **Grundannahmen** treffen und bereits bekanntes festhalten:

- Sowohl die Inkubationszeit als auch die infektiöse Zeit dauert genau 1 Woche.

- Ansteckung soll nur an Wochenenden stattfinden. Damit bleibt die Anzahl von empfänglichen und infektiösen Kindern die ganze Woche über konstant!

---

[3]Die Idee zu diesem Modell stammt aus [14] bzw. [1]

- In jeder Woche gibt es eine konstante Anzahl B von Geburten. In der englischen Stadt, aus der die Statistik stammt, war diese Zahl B = 120.

- Jedes infektiöse Kind steckt einen konstanten Bruchteil aller empfänglichen Kinder an. In der englischen Statistik war typisch, dass ein infektiöses Kind etwa ein weiteres Kind pro Woche ansteckt. Aus dem Zahlenmaterial der Statistik konnte man daraus den Wert $f := 0.3 \cdot 10^{-4}$ für den konstanten Bruchteil ermitteln.

- Zu Beginn der englischen Statistik gab es 20 infektiöse Kinder und 30000 empfängliche in der Stadt.

Da es jeweils eine Woche dauert, bis ein Kind infektiös wird bzw. bis sich die Pusteln zeigen, liegt unserem zu erstellenden Modell eine Zeitskala mit Schritten von 1 Woche Länge zugrunde. Wir führen folgende Grössen ein:

$$I_n \ := \ \left\{ \begin{array}{l} \text{Anzahl der infek-} \\ \text{tiösen Kinder in} \\ \text{der } n\text{-ten Woche} \end{array} \right\}$$

$$S_n \ := \ \left\{ \begin{array}{l} \text{Anzahl der} \\ \text{empfänglichen} \\ \text{Kinder in der} \\ n\text{-ten Woche} \end{array} \right\} .$$

An Hand eines Beispiels wollen wir uns die Zusammenhänge klarmachen:

Problem: *Es gebe* 10 *infektiöse und* 1000 *empfängliche Kinder in der* $(n-1)$*-ten Woche. Nehmen wir an, dass jedes infektiöse Kind genau zwei weitere Kinder ansteckt. Wie viele infektiöse und wie viele empfängliche Kinder gibt es in der* n*-ten Woche, wenn wir Geburten und Todesfälle vernachlässigen?*

Lösung: *Es ist* $S_{n-1} = 1000$, $I_{n-1} = 10$ *und* $I_n = 20$. *Damit muss* $S_n = 1000 - 20 = 980$ *sein! Man bedenke, dass die* 10 *infektiösen Kinder aus Woche* $n-1$ *in Woche* n *nicht mehr gezählt wurden, da sie nicht mehr empfänglich sind!*

Nun können wir daran gehen, unser Modell zu formulieren:

Ganz offensichtlich ist:

$$
I_n = \left\{\begin{array}{l}\text{Anzahl der infek-}\\\text{tiösen Kinder in}\\\text{der } n\text{-ten Woche}\end{array}\right\} = \left\{\begin{array}{l}\text{Anzahl der}\\\text{empfänglichen}\\\text{Kinder, die sich}\\\text{in der } (n-1)\text{-ten}\\\text{Woche angesteckt}\\\text{haben}\end{array}\right\}.
$$

Für die Anzahl der empfänglichen Kinder spielen natürlich auch die Geburten eine Rolle. Damit können wir formulieren:

$$
S_n = \left\{\begin{array}{l}\text{Anzahl der infek-}\\\text{tiösen Kinder in}\\\text{der } (n-1)\text{-ten}\\\text{Woche}\end{array}\right\} - \left\{\begin{array}{l}\text{Anzahl der}\\\text{empfänglichen}\\\text{Kinder, die sich}\\\text{in der } (n-1)\text{-ten}\\\text{Woche angesteckt}\\\text{haben}\end{array}\right\}
$$

$$
+ \left\{\begin{array}{l}\text{Anzahl der in der}\\(n-1)\text{-ten Woche}\\\text{geborenen Kinder}\end{array}\right\}
$$

Damit sind wir eigentlich fertig! Wir müssen die Sätze in den geschweiften Klammern nur noch mit Formelzeichen in die Sprache der Mathematik übersetzen. Aus den oben gemachten Grundannahmen und den Daten aus der englischen Statistik folgt:

$$
\left\{\begin{array}{l}\text{Anzahl der}\\\text{empfänglichen}\\\text{Kinder, die von}\\\textbf{einem} \text{ infek-}\\\text{tiösen Kind in}\\\text{der } (n-1)\text{-ten}\\\text{Woche angesteckt}\\\text{wurden}\end{array}\right\} = f \cdot S_{n-1},
$$

also folgt für die Zahl aller angesteckten:

$$\left.\begin{array}{l}\text{Anzahl der}\\ \text{empfänglichen}\\ \text{Kinder, die sich}\\ \text{in der } (n-1)\text{-ten}\\ \text{Woche angesteckt}\\ \text{haben}\end{array}\right\} = f \cdot S_{n-1} \cdot I_{n-1}.$$

Damit ist das Modell aber nun bereits vollständig beschrieben:

$$\begin{aligned}I_n &= f \cdot S_{n-1} \cdot I_{n-1}\\ S_n &= S_{n-1} - f \cdot S_{n-1} \cdot I_{n-1} + B.\end{aligned}$$

Im Fall der englischen Statistik ist das zu lösende System also

$$\begin{aligned}I_n &= 0.3 \cdot 10^{-4} \cdot S_{n-1} \cdot I_{n-1}\\ S_n &= S_{n-1} - 0.3 \cdot 10^{-4} \cdot S_{n-1} \cdot I_{n-1} + 120.\end{aligned}$$

Die **Anfangbedingungen** sind

$$I_0 = 20, \quad S_0 = 30000.$$

Übungsaufgabe: Schreiben Sie ein Java-Programm `Masern.java`, das unser Epidemiesystem implementiert. Berechnen Sie damit I und S für 500 Wochen.

Wenn ihr Programm funktioniert, sollten Sie für I eine Ausgabe wie in Abbildung 2.4 erhalten. Für S muss sich ein Verlauf wie in Abbildung 2.5 ergeben. Sehr schön kann man hier die Korrespondenzen zwischen den beiden Größen studieren!
Wir sind mit den Daten einer englischen Stadt gestartet. Nun wollen wir den Einfluss der Geburtenrate studieren und legen dazu die Rate $B = 360$ für eine vergleichbare Stadt in Nigeria zu Grunde. Wir erhalten für die Anzahl der infektiösen Kinder den Verlauf aus Abbildung 2.6. Für die empfänglichen Kinder ergibt sich der Verlauf aus Abbildung 2.7.

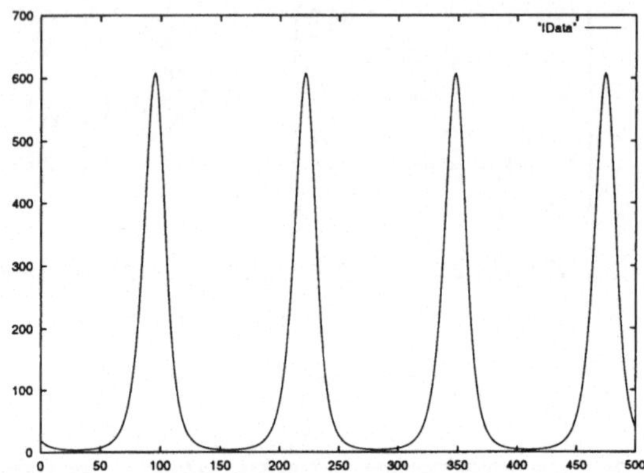

Bild 2.4: Entwicklung der infektiösen Kinder

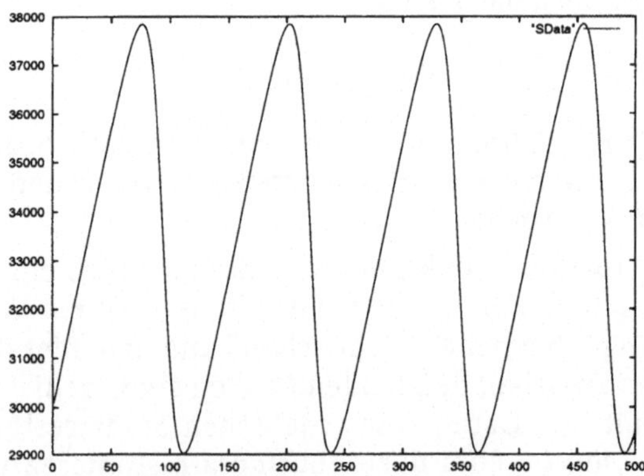

Bild 2.5: Entwicklung der empfänglichen Kinder

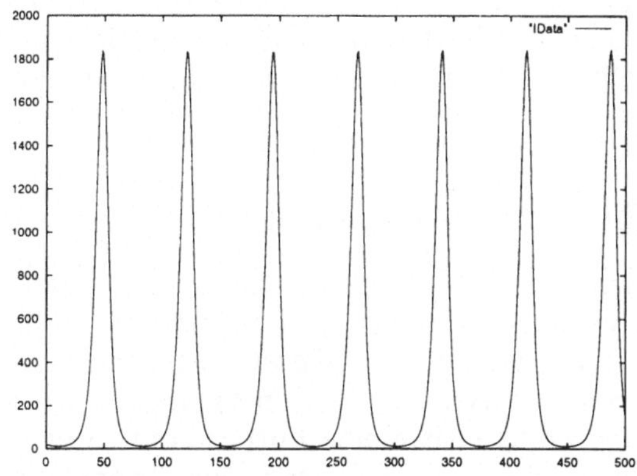

Bild 2.6: Entwicklung der infektiösen Kinder in der nigerianischen Vergleichsstadt

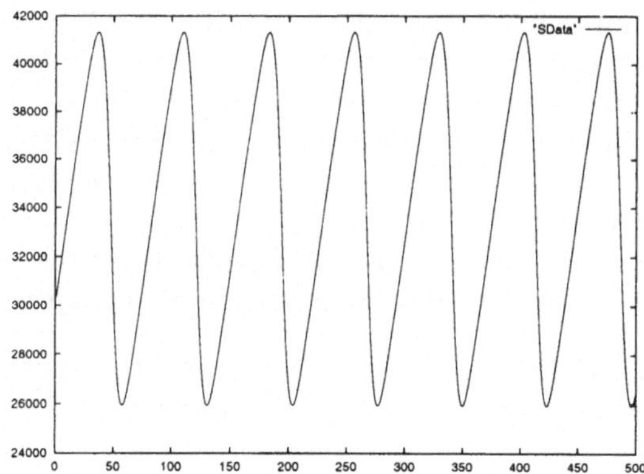

Bild 2.7: Entwicklung der empfänglichen Kinder in der nigerianischen Vergleichsstadt

Der harmlos erscheinende Parameter B entpuppt sich in der Simulation als entscheidende Größe! Die Masernepidemien in der nigerianischen Vergleichsstadt sind unvergleichbar heftiger als in der englischen Stadt, und das *nur* durch die höhere Geburtenrate!

2.3.2   Ein Alibi zur Mordzeit

Um Mitternacht wird die Polizei zum Schauplatz eines grausigen Verbrechens gerufen[4]. Der einschlägig polizeibekannte Schurke Eddi, genannt *das Wiesel*, liegt erschlagen auf dem Braunschweiger Burgplatz! Der hinzugezogene Gerichtsmediziner stellt bei Eddis Leiche eine Körpertemperatur von 30° Celsius bei einer Umgebungstemperatur von lauen 20° Celsius fest. Die Spurensicherung benötigt zwei Stunden, um den Tatort genauestens zu untersuchen, so dass die Leiche erst um 2 Uhr morgens in die Gerichtsmedizin geschafft werden kann. Vor dem Transport misst der Mediziner eine Leichentemperatur von 24° Celsius.

Nach Zeugenvernehmungen, die die ganze Nacht hindurch gedauert haben, schlägt die Polizei am folgenden Tag zu: Verhaftet unter Mordverdacht wird Eddis Ex-Geliebte Lola. Lola war am Abend vor dem Mord Gast in einer Bar, in der sie unter Alkoholeinfluss wüste Morddrohungen gegen Eddi ausstieß. Um 23^{15} Uhr hat sie die Bar unter wildesten Flüchen verlassen.

Bei der weiteren Untersuchung spielt der genaue Todeszeitpunkt eine wesentliche Rolle. Der Gerichtsmediziner verwendet bei seiner Berechnung die **Newtonsche Abkühlungsregel**:

> Die Geschwindigkeit der Abkühlung ist proportional zur Temperaturdifferenz zwischen Körper und Umgebung!

Ist Lola schuldig? Wann starb Eddi?

---

[4]Die Idee zu diesem Modell stammt aus dem Manuskript *Viele Wege führen zu einer Lösung!* von **R. Vehling**, das mir Herr U. Feyerabend freundlicherweise aus seiner Schulpraxis zur Verfügung gestellt hat.

- Der Mediziner hat zu zwei Zeiten die Leichentemperatur gemessen:

Zeit t	Temperatur T
0 Uhr	30°
2 Uhr	24°

- Die Umgebungstemperatur betrug 20° Celsius.

- Es gilt das Newtonsche Abkühlungsgesetz.

Wir müssen eine Zeitskala einführen. Da es beim Alibi auf Minuten ankommt, erscheint eine Unterteilung der Zeit in Schritte von $\Delta t = 1\text{min}$ sinnvoll. Dann sei

$$t_n \; := \; n\Delta t$$
$$T_n \; := \; T(t_n).$$

Das Newtonsche Abkühlungsgesetz lautet

$$\left\{ \begin{array}{l} \text{Geschwindigkeit} \\ \text{der Abkühlung} \end{array} \right\} = K \cdot \left\{ \begin{array}{l} \text{Temperaturdifferenz} \\ \text{zwischen Körper und} \\ \text{Umgebung} \end{array} \right\}.$$

Dabei spielt die Zahl K die Rolle der Proportionalitätskonstanten. Die Geschwindigkeit der Abkühlung ist offenbar

$$\frac{\Delta T}{\Delta t} := \frac{T_{n+1} - T_n}{t_{n+1} - t_n},$$

der Temperaturdifferenz zwischen Leiche und Umgebung entspricht der Ausdruck $T_n - 20°$. Es ergibt sich somit

$$\frac{\Delta T}{\Delta t} = K \cdot (T_n - 20°).$$

Ist T_n grösser als 20° dann haben wir im folgenden Abkühlung, ist T_n kleiner als 20° dann entsprechend Erwärmung. Wir wollen Abkühlung mit negativer Abkühlgeschwindigkeit identifizieren und Erwärmung mit positiver. Das führt auf eine neue Proportionalitätskonstante $K =: -k, k > 0$.
Damit ist das Modell aber nun bereits formal beschrieben:

$$\frac{\Delta T}{\Delta t} = -k \cdot (T_n - 20°).$$

Zur vollständigen Modellierung müssen wir die Proportionalitätskonstante k bestimmen. Ein glühendes Stück Eisen kühlt anders ab als eine heiße Kartoffel und dieser Unterschied steckt gerade in der Konstanten k.

Betrachten wir dazu die gemessenen Daten. Die Temperatur der Leiche fiel innerhalb von zwei Stunden von 30° auf 24°. Das Newtonsche Gesetz lässt sich schreiben als

$$T_{n+1} = (1 - k)T_n + 20k,$$

denn $\Delta t = 1$, wobei wir auf die Angabe von physikalischen Einheiten wie Grad Celsius und Minuten verzichten. Assoziieren wir 0 Uhr mit t_0, dann ist 2 Uhr gerade t_{120}, da 120 Minuten verstrichen sind. Beginnen wir mit der Iteration:

$$\begin{aligned}
T_1 &= (1-k)T_0 + 20k \\
T_2 &= (1-k)T_1 + 20k = (1-k)^2 T_0 + 20k(1-k) + 20k \\
T_3 &= (1-k)T_2 + 20k = (1-k)^3 T_0 + 20k(1-k)^2 + 20k(1-k) \\
&\quad + 20k \\
&\ \ \vdots \quad \vdots \quad \vdots \\
T_{120} &= (1-k)^{120} T_0 + 20k \sum_{j=0}^{119} (1-k)^j.
\end{aligned}$$

Die Summe ist eine endliche geometrische Summe, was uns die Gelegenheit gibt, an ihre Berechnung zu erinnern! Es ist

$$s_{120} := \sum_{j=0}^{120} (1-k)^j = 1 + (1-k) + (1-k)^2 + \ldots + (1-k)^{119}$$

$$+ (1-k)^{120}$$

und

$$s_{119} = \sum_{j=0}^{119} (1-k)^j = 1 + (1-k) + (1-k)^2 + \ldots + (1-k)^{119}.$$

Damit folgt

$$\begin{aligned}
s_{120} &= 1 + (1-k)\cdot\left(1 + (1-k) + \ldots + (1-k)^{119}\right) \\
&= 1 + (1-k)s_{119}.
\end{aligned}$$

Bilden wir nun die Differenz, dann ergibt sich

$$s_{120} - s_{119} = (1-k)^{120} = 1 - ks_{119}$$

und damit

$$s_{119} = \sum_{j=0}^{119} (1-k)^j = \frac{(1-k)^{120} - 1}{-k}.$$

Setzen wir unser Ergebnis in die Iteration für T_{120} ein, dann folgt

$$\begin{aligned}
T_{120} &= (1-k)^{120}T_0 + 20k\frac{(1-k)^{120} - 1}{-k} \\
&= (1-k)^{120}T_0 + 20 - 20(1-k)^{120} \\
&= (1-k)^{120}(T_0 - 20) + 20.
\end{aligned}$$

Mit $T_0 = 30$, $T_{120} = 24$ folgt weiter

$$24 = (1-k)^{120}(30 - 20) + 20,$$

also

$$(1-k)^{120} = 0.4.$$

Ziehen der 120ten Wurzel ergibt $1 - k = 0.992393$ bzw.

$$k = 0.00760668.$$

Uff, damit ist unser Modell gegeben durch

$$T_{n+1} = 0.992393T_n + 0.1521336.$$

Wie gehen wir nun vor? Im Moment seines Todes betrug Eddis Körpertemperatur 37°. Die Frage ist nun: Wie lange dauerte es, bis die Temperatur der Leiche 30° betrug? Dann war es nämlich 0 Uhr. Die Anzahl der Iterationen bis dorthin gibt die Zeit in Minuten an, die vom Mord bis zur ersten Temperaturmessung des Mediziners verstrichen sind.

Übungsaufgabe: Schreiben Sie ein Java-Programm Alibi.java, in dem Sie die obige Differenzengleichung implementieren. Lassen Sie sich den Temperaturverlauf über der Zeit ausgeben und stoppen Sie, wenn die Körpertemperatur unter 30° fällt.

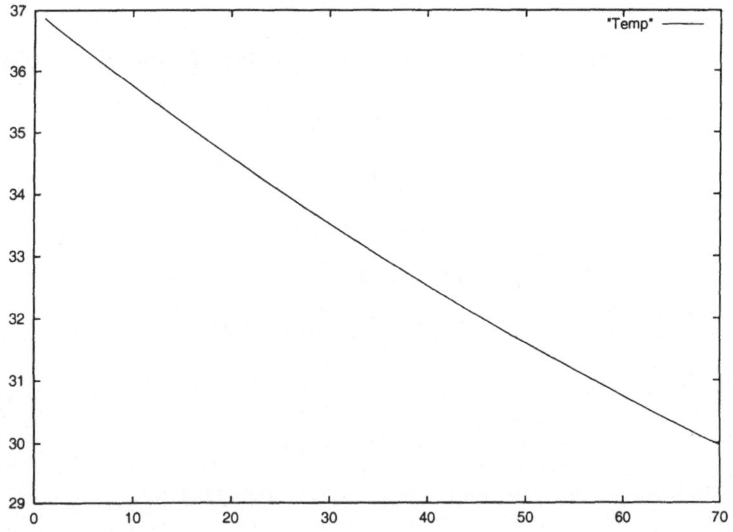

Bild 2.8: Verlauf der Leichentemperatur über der Zeit in Minuten

Ihr Programm sollte einen Datensatz erzeugen, der so wie in Abbildung 2.8 aussieht. Die Berechnung der Temperatur ist beim ersten Abfall unter 30° gestoppt worden.
Eddi starb also etwa 70 Minuten vor Mitternacht, so gegen 22^{50}. Demnach kann Lola nicht die Mörderin von Eddi sein!

Alternative Modellierung: Vielleicht ist Ihnen bei unserer Definition der Abkühlungsgeschwindigkeit als $\frac{\Delta T}{\Delta t}$ doch etwas unwohl gewesen, denn es handelt sich um eine ganz und gar diskrete "Geschwindigkeit", bei der sich die Temperatur ruckweise im Ein-Minuten-Takt ändert. An dieser Stelle hätten Sie auch ein kontinuierliches Modell entwickeln können, nämlich

$$\frac{dT}{dt} = -k(T - 20)$$
$$T(0) = 30$$
$$T(120) = 24,$$

wobei wir die Zeit wieder in Minuten verstreichen lassen (aber jetzt kontinuierlich!). Durch die Substitution $\tau := T - 20$ folgt $d\tau = dT$ und somit die Differenzialgleichung

$$\frac{d\tau}{dt} = -k\tau$$
$$\tau(0) = 10$$
$$\tau(120) = 4.$$

Dies ist aber nun bereits eine gute Bekannte, die wir durch Trennung der Veränderlichen lösen können:

$$\int \frac{d\tau}{\tau} = -k \int dt \quad \Rightarrow \quad \tau(t) = Ce^{-kt}.$$

Die Anfangsbedingung $\tau(0) = 10$ liefert sofort: $C = 10$. Nun haben wir noch die **Randbedingung** $\tau(120) = 4$ einzubauen und genau das liefert uns den richtigen Wert für k! Es gilt

$$\tau(120) = 10e^{-k120} = 4,$$

was nach dem Logarithmieren auf

$$\ln 4 = \ln 10 - 120k \quad \Rightarrow \quad k = \frac{\ln 10 - \ln 4}{120} = \frac{\ln 2.5}{120} = 0.0076357561\ldots$$

führt. Natürlich ist dieser Wert für k etwas anders als der vorher aus dem diskreten Modell ermittelte (warum?)!
Wir lösen nun das Anfangswertproblem

$$\frac{d\tau}{dt} = -0.0076357561\tau$$
$$\tau(0) = 37 - 20 = 17,$$

denn dieser Anfangswert entspricht gerade der Temperatur $T(0) = 37$, die Eddis Körper zur Zeit des Mordes aufgewiesen hat. Wir erhalten die Lösung

$$\tau(t) = Ce^{-0.0076357561t}$$

und mit der Anfangsbedingung wird daraus

$$\tau(t) = 17e^{-0.0076357561t}.$$

Wir müssen uns nun fragen, zu welcher Zeit Eddis (transformierte) Temperatur gerade $\tau = 10$ betrug (denn dann hatte die Leiche eine wahre Temperatur von $T = 30$). Also los:

$$\tau(t_{Mord}) = 17e^{-0.0076357561t_{Mord}} = 10$$
$$\ln 17 - 0.0076357561t_{Mord} = \ln 10$$
$$t_{Mord} = \frac{\ln 17 - \ln 10}{0.0076357561}$$
$$= \frac{\ln 1.7}{0.0076357561} = 69.49\ldots.$$

Auch in diesem kontinuierlichen Modell können wir Lolas Unschuld also zweifelsfrei nachweisen!

3 Wie wirtschaftlich ist mein Betrieb?

Ein Hersteller von Schülerzirkeln[1] stellt besorgt fest, dass trotz anhaltend guter Verkaufslage die Gewinne sich ab einer bestimmten Stückzahl verringern, da die Produktionskosten steigen. Eine Mathematikerin wird eingestellt, um die Lage zu klären und das Problem zu lösen[2].

3.1 Modellierung der Geschäftsdaten

Die Mathematikerin fragte zuerst nach einer Gegenüberstellung der Stückzahl der produzierten Schülerzirkel x, der Herstellungskosten $K(x)$, des Verkaufserlöses $E(x)$ und des Gewinnes $G(x) := E(x) - K(x)$. Da jeder Zirkel für 18.00 DM verkauft wurde, ist der Erlös die lineare Funktion

$$E(x) = 18x. \tag{3.1}$$

Die von der Mathematikerin angeforderte Gegenüberstellung sah so aus:

---

[1] Dieses Beispiel ist mit etwas verändertem Zahlenmaterial aus dem Heft von Hartmann [16] entnommen. Allerdings verfolgen wir bei der Lösung der auftretenden Probleme eine ganz und gar andere Strategie.

[2] Dies ist ein typisches "Feigenblattproblem", d.h. ein eher künstlich anmutendes Problem, dass nur erfunden wurde, um Sie für Interpolationsprobleme und Nullstellensuche zu interessieren. In der heutigen Zeit würde der Unternehmer einige Mitarbeiter entlassen und dafür in Maschinen investieren und das Problem wäre für ihn gelöst!

i	x_i	$K_i := K(x_i)$	$E_i := E(x_i)$	$G_i := G(x_i)$
0	0	20	0	−20
1	10	80	180	100
2	20	100	360	260
3	30	140	540	400
4	40	260	720	460
5	45	368.75	810	441.25
6	50	520	900	380
7	60	980	1080	100

Als nächstes benutzte die Mathematikerin ein Graphikprogramm, um sich über den Verlauf der Funktionen $x \mapsto K(x)$, $x \mapsto E(x)$, $x \mapsto G(x)$klar zu werden. Dazu ließ sie die Datenpunkte (x_i, K_i), (x_i, E_i) und (x_i, G_i) durch Geradenstücke miteinander verbinden und erhielt die in Abbildung 3.1 gezeigte Graphik. Die

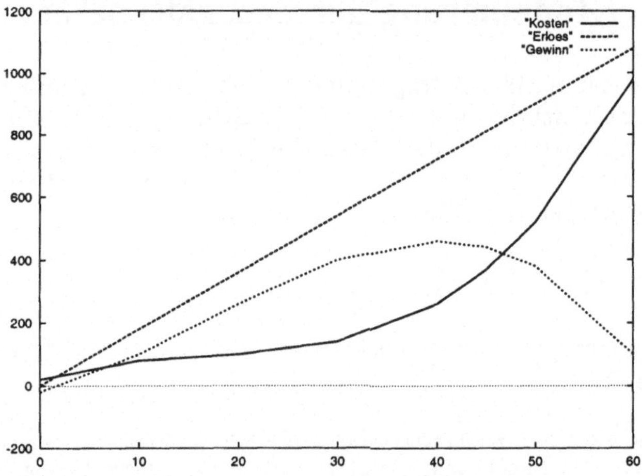

Bild 3.1: Graphische Darstellung der Daten

Fragen, die zu beantworten sind, lauten:
Wo liegt die Gewinnzone, wo liegt das Gewinnmaximum?
Zur Bestimmung der Gewinnzone benötigen wir offenbar die Nullstellen von G. Will man die Funktion $x \mapsto G(x)$ studieren,

dann benötigt man eine Funktionsdarstellung. Wir verfolgen die allereinfachste Weise, eine Funktionsdarstellung zu gewinnen, nämlich die lineare Verbindung zwischen zwei Datenpunkten.

3.1.1 Lineare Splines

Betrachten wir ein Intervall $[x_i, x_{i+1}]$. Eine Gerade, die bei x_i den Wert G_i, und bei x_{i+1} den Wert G_{i+1} annimmt, ist gegeben durch

$$G_{[x_i, x_{i+1}]}(x) := G_i + \frac{G_{i+1} - G_i}{x_{i+1} - x_i}(x - x_i)$$

(Zweipunkteform der Gerade). Betrachten wir die etwas seltsam aussehende Funktion

$$L_i(x) := \begin{cases} \frac{x - x_{i-1}}{x_i - x_{i-1}} & ; \quad x \in [x_{i-1}, x_i] \\ \frac{x_{i+1} - x}{x_{i+1} - x_i} & ; \quad x \in [x_i, x_{i+1}] \\ 0 & ; \quad \text{sonst} \end{cases} ,$$

so gilt

$$L_i(x_{i-1}) = 0, \quad L_i(x_i) = 1, \quad L_i(x_{i+1}) = 0$$

und L_i ist jeweils eine Gerade auf $[x_{i-1}, x_i]$ und $[x_i, x_{i+1}]$. Mit Hilfe dieser Funktionen schreibt sich unser Geradenstück auf $[x_i, x_{i+1}]$ aber gerade in der Form

$$G_{[x_i, x_{i+1}]}(x) = G_i L_i(x) + G_{i+1} L_{i+1}(x),$$

denn $G_{[x_i, x_{i+1}]}(x_i) = G_i$ und $G_{[x_i, x_{i+1}]}(x_{i+1}) = G_{i+1}$. Die Funktionen L_i heißen *Hütchenfunktionen* oder **lineare Splines**, im Exkurs über Interpolation werden Sie uns als spezielle Lagrangesche Basispolynome wieder begegnen. Die erste Bezeichnung versteht man sofort, wenn man sich diese Funktionen aufzeichnet. Die Bezeichnung *Spline* stammt von englischen Schiffbauern, die mit Hilfe biegsamer Latten – den sogenannten Splines – die Form von Schiffsböden konstruierten. Die englischen Splines

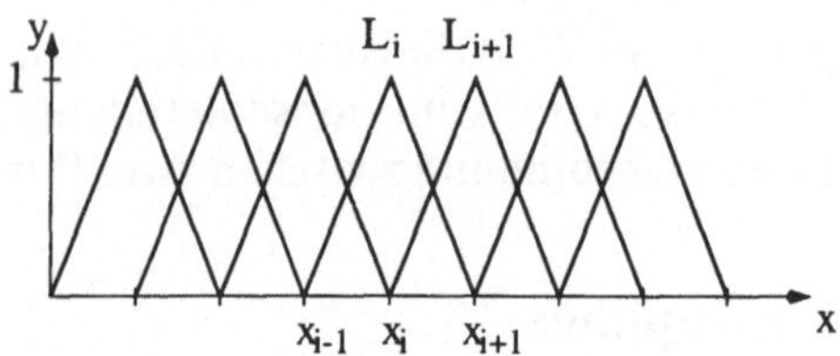

Bild 3.2: Lineare Splines

waren stückweise kubische Polynome, weshalb man von kubischen Splines spricht. Darüber werden wir mehr in Abschnitt **3.2.6** erfahren. Unsere Hütchenfunktionen sind stückweise lineare Funktionen, und deshalb heißen sie lineare Splines.

Nun sind wir in der Lage, die Gewinnfunktion $x \mapsto G(x)$ in Form einer Funktion darzustellen, nämlich als

$$p_G(x) = \sum_{i=0}^{7} G_i L_i(x).$$

Beachten Sie, dass L_0 und L_7 wegen der Randlage keine Hütchenfunktionen mehr sind, sondern dort nur die jeweiligen Hütchenhälften definiert sind.

Die Funktion p_G nimmt nun an allen Knoten x_i die vorgegebenen Werte G_i an. Den Vorgang, eine unbekannte Funktion, die man nur an endlich vielen Knoten kennt, durch eine einfache Funktion anzunähern, die ebenfalls durch die Knoten verläuft, nennt man **Interpolation**. Unsere Funktion p_G heißt daher auch **interpolierender Spline**.

Alternativ hätten wir auch durch die gegebenen 8 Punkte $(x_i, G_i), i = 0, \dots, 7$ ein Polynom $p_7(x) := a_0 + a_1 x + a_2 x^2 + a_3 x^3 + a_4 x^4 + a_5 x^5 + a_6 x^6 + a_7 x^7$ vom Grad sieben legen können. Die Theorie solcher Approximationen wollen wir in einem Exkurs in Abschnitt **3.2** untersuchen.

Übungsaufgabe: Schreiben Sie eine Klasse `LinSpline.java` die einen linearen Spline mit unseren Daten implementiert und eine Auswertemöglichkeit enthält.

Nun wollen wir uns wieder der Modellierung zuwenden.

3.1.2 Nullstellensuche

Im vorhergehenden Abschnitt haben wir die Daten der Gewinnfunktion durch einen linearen Spline p_G interpoliert. Eine Gewinnzone ist (zumindest näherungsweise) durch $p_G > 0$ charakterisiert. Verfügen wir also über die **Nullstellen** von p_G, dann können wir die Gewinnzonen bestimmen.

Wir verwenden den wohl berühmtesten Algorithmus zur Bestimmung einer Nullstelle, den Löwenfangalgorithmus! In ernsthaften Lehrerkreisen ist er als **Bisektionsalgorithmus** oder **Intervallschachtelung** bekannt. Stellen Sie sich bitte eine eindimensionale Wüste, dargestellt durch ein kompaktes Intervall $[a, b]$, vor. Innerhalb der Wüste, also im offenen Intervall $]a, b[$, befinde sich ein Löwe ξ, den es zu fangen gilt! Wir halbieren die Wüste in zwei Teilwüsten $[a, (a+b)/2]$ und $[(a+b)/2, b]$ und schauen nach, in welchem Teil sich unser Löwe befindet. Diese Teilwüste teilen wir erneut, usw. Ganz zwangsläufig müssen wir dem Löwen im Laufe dieser Prozedur beliebig nahe kommen.

Wir formalisieren diesen Prozess wie folgt. Für eine stetige Funktion $f : [a, b] \to \mathbf{R}$ gelte $f(a)f(b) < 0$, wobei es nur genau eine Nullstelle in $]a, b[$ gebe.

Bisektionsverfahren:

```
do
{
        x := (a + b) / 2;
    if(f(a) · f(x) < 0)
        b := x;
    else
        a := x;
}while (Abbruchkriterium nicht erfüllt)
```

Nach dem ersten Bisektionsschritt liegt die Nullstelle in einem

Intervall der Länge $(a + b)/2$, nach dem zweiten Schritt in einem Intervall der Länge $(a + b)/4$, usw. Nach dem n-ten Schritt liegt demnach die Nullstelle sicher in einem Intervall der Länge $2^{-n}(a + b)$. Haben Sie es bemerkt? Wir haben die Konvergenz der Methode bewiesen!

Unser linearer Spline p_G spielt die Rolle von f. Wir haben nun die Grenzen a und b festzulegen, so dass $p_G(a)p_G(b) < 0$ gilt.

Übungsaufgabe: Schreiben Sie ein Programm `Bisektion.java`, das für Ihren linearen Spline für die Gewinne die Nullstelle zwischen 0 und 10 findet. Damit haben Sie den Beginn der Gewinnzone ermittelt.

Bei der Suche nach dem Gewinnmaximum stoßen wir auf ein ernstes Problem unseres linearen Splines, nämlich die mangelnde Differenzierbarkeit! Wäre p_G differenzierbar, dann würden wir nur die Funktion $q_G(x) := \frac{d}{dx}p_G(x)$ berechnen und zur Nullstellensuche in unseren Bisektionsalgorithmus stecken! Der lineare Spline ist aber in den Knoten gerade nicht differenzierbar. Allerdings ist die Suche nach einem Maximum bei linearen Splines doch ganz einfach, auch ohne Differenzialrechnung! Ein linearer Spline besitzt ein **Maximum** am Knoten x_i genau dann, wenn die Steigung von $G_{[x_{i-1}, x_i]}$ positiv, die Steigung von $G_{[x_i, x_{i+1}]}$ aber negativ ist. Entsprechend liegt ein **Minimum** bei x_i vor, wenn die Steigung von $G_{[x_{i-1}, x_i]}$ negativ und die Steigung von $G_{[x_i, x_{i+1}]}$ positiv ist.

Übungsaufgabe: Schreiben Sie ein Java-Programm, in dem alle Maxima eines linearen Splines gefunden werden können. Bestimmen Sie so das Gewinnmaximum bei den Schülerzirkeln.

Unser Vorgehen zum Auffinden des Maximums beim linearen Spline versagt natürlich völlig, wenn wir nach Nullstellen höherer Ableitungen fragen. Dann ist es unumgänglich, die Daten durch Polynome höheren Grades darzustellen. Diesem Thema wollen wir uns jetzt in einem Exkurs widmen. Auch alternative (bessere!) Algorithmen zur Nullstellensuche werden wir in einem weiteren Exkurs behandeln.

3.2 Exkurs: Interpolation mit Polynomen

Wir betrachten folgendes
Interpolationsproblem: Zu $n + 1$ Daten $(x_i, f_i), i = 0, \dots, n$, soll ein Polynom

$$p(x) := a_0 + a_1 x + a_2 x^2 + \cdots a_n x^n$$

vom Grad kleiner oder gleich n berechnet werden, so dass

$$p(x_i) = f_i, \quad i = 0, \dots, n$$

gilt.
Dieses Problem nennt man **Interpolationsproblem**. Die Menge aller Polynome vom Grad kleiner oder gleich n wird mit Π_n bezeichnet.

3.2.1 Lagrange-Polynome

Mathematiker müssen natürlich sofort fragen, ob es ein solches Polynom überhaupt gibt und ob es dann eindeutig bestimmt ist! Wir beantworten erst die Frage der Eindeutigkeit.

Lemma 3.2.1 *Wenn es ein Interpolationspolynom* p *wie im* **Interpolationsproblem** *gibt, dann ist es eindeutig bestimmt.*

Beweis: Wir nehmen an, es gäbe zwei verschiedene Polynome p und q aus Π_n, für die

$$p(x_i) = q(x_i) = f_i, \quad i = 0, \dots, n$$

gilt. Dann hätte aber das Polynom $P := p - q \in \Pi_n$ auch den Grad $\leq n$, aber $n + 1$ Nullstellen $x_i, i = 0, \dots, n$. Ein solches Polynom muss aber identisch verschwinden, d.h. es gilt doch $p = q$.   ■

Um die Existenz des Polynoms p zu zeigen, konstruieren wir es einfach! Dazu betrachten wir spezielle Polynome $L_i \in \Pi_n, i = 0,\dots,n$, mit

$$L_i(x_k) = \delta_{ik} := \left\{ \begin{array}{lll} 1 & ; & i = k \\ 0 & ; & i \neq k \end{array} \right. .$$

Diese Polynome heißen **Lagrangesche Basispolynome**. Wie sehen die Polynome aus? Nun, hier sind sie:

$$L_i(x) := \frac{(x - x_0)\cdots(x - x_{i-1})(x - x_{i+1})\cdots(x - x_n)}{(x_i - x_0)\cdots(x_i - x_{i-1})(x_i - x_{i+1})\cdots(x_i - x_n)} . \tag{3.2}$$

Jedes L_i ist ganz offensichtlich ein Polynom vom Grad kleiner oder gleich n. Außerdem ist L_i immer 0, wenn $x = x_0, x_1,\dots,x_{i-1}, x_{i+1},\dots,x_n$ eingesetzt wird. Nur bei $x = x_i$ ist $L_i(x) = 1$. Damit haben wir die Lagrangeschen Basispolynome explizit angegeben!

Nun ist die Lösung des Interpolationsproblems einfach zu bewerkstelligen! Unser gesuchtes Polynom $p \in \Pi_n$ ist

$$p(x) = \sum_{i=0}^{n} f_i L_i(x) \tag{3.3}$$

und man nennt es **Lagrangesches Interpolationspolynom**.

Beispiel: Wir betrachten die Daten

i	0	1	2
x_i	0	1	3
f_i	1	3	2

und suchen ein Polynom $p \in \Pi_2$, so dass $p(x_i) = f_i$ für $i = 0, 1, 2$ gilt. Die Lagrangepolynome berechnen sich wie folgt:

$$L_0(x) = \frac{(x - x_1)(x - x_2)}{(x_0 - x_1)(x_0 - x_2)} = \frac{(x - 1)(x - 3)}{(0 - 1)(0 - 3)} = \frac{1}{3}x^2 - \frac{4}{3}x + 1$$

$$L_1(x) = \frac{(x - x_0)(x - x_2)}{(x_1 - x_0)(x_1 - x_2)} = \frac{(x - 0)(x - 3)}{(1 - 0)(1 - 3)} = -\frac{1}{2}x^2 + \frac{3}{2}x$$

$$L_2(x) = \frac{(x - x_0)(x - x_1)}{(x_2 - x_0)(x_2 - x_1)} = \frac{(x - 0)(x - 1)}{(3 - 0)(3 - 1)} = \frac{1}{6}x^2 - \frac{1}{6}x.$$

Demnach lautet unser gesuchtes Interpolationspolynom

$$\begin{aligned}
p(x) &= f_0 L_0(x) + f_1 L_1(x) + f_2 L_2(x) \\
&= 1 \cdot \left(\frac{1}{3}x^2 - \frac{4}{3}x + 1\right) + 3 \cdot \left(-\frac{1}{2}x^2 + \frac{3}{2}x\right) \\
&\quad + 2 \cdot \left(\frac{1}{6}x^2 - \frac{1}{6}x\right) \\
&= -\frac{5}{6}x^2 + \frac{17}{6}x + 1.
\end{aligned}$$

Vergessen Sie nicht, die Eigenschaft $p(x_i) = f_i, i = 0, 1, 2$, sicherheitshalber zu überprüfen!

Für große Datenmengen ist die Berechnung der Lagrangeschen Basispolynome sehr aufwendig und lästig. Alternativ könnte man daran denken, den Ansatz

$$p(x) = a_0 + a_1 x + a_2 x^2 + \cdots + a_n x^n$$

zu verwenden und die $n+1$ unbekannten Koeffizienten $a_0, \ldots, a_n$ aus den $n + 1$ Bedingungen $p(x_i) = f_i, i = 0, \ldots, n$, durch Einsetzen zu gewinnen. Dies führt auf

$$p(x_0) = a_0 + a_1 x_0 + a_2 x_0^2 + \ldots + a_n x_0^n \overset{!}{=} f_0$$

$$p(x_1) = a_0 + a_1 x_1 + a_2 x_1^2 + \ldots + a_n x_1^n \overset{!}{=} f_1$$

$$p(x_2) = a_0 + a_1 x_2 + a_2 x_2^2 + \ldots + a_n x_2^n \overset{!}{=} f_2$$

$$\vdots \quad \vdots \quad \vdots$$

$$p(x_n) = a_0 + a_1 x_n + a_2 x_n^2 + \ldots + a_n x_n^n \overset{!}{=} f_n,$$

was man als **lineares Gleichungssystem** für die a_i schreiben kann:

$$\underbrace{\begin{bmatrix} 1 & x_0 & x_0^2 & x_0^3 & \cdots & x_0^n \\ 1 & x_1 & x_1^2 & x_1^3 & \cdots & x_1^n \\ 1 & x_2 & x_2^2 & x_2^3 & \cdots & x_2^n \\ \vdots & \vdots & \vdots & \vdots & \ddots & \vdots \\ 1 & x_n & x_n^2 & x_n^3 & \cdots & x_n^n \end{bmatrix}}_{M} \cdot \underbrace{\begin{bmatrix} a_0 \\ a_1 \\ a_2 \\ \vdots \\ a_n \end{bmatrix}}_{a} = \underbrace{\begin{bmatrix} f_0 \\ f_1 \\ f_2 \\ \vdots \\ f_n \end{bmatrix}}_{f}. \qquad (3.4)$$

Wir werden in einem späteren Kapitel auf die Lösung linearer Gleichungssysteme $Ma = f$ zurückkommen. An dieser Stelle sei nur vermerkt, dass unsere Matrix M eine ganz besondere Struktur hat. Solche Matrizen heißen **Vandermondsche Matrizen**. Sie haben numerisch außerordentlich schlimme Eigenschaften, die mit der Größe von n wachsen. Diesen Ansatz zur Berechnung des Interpolationspolynoms sollte man also unbedingt vermeiden!

3.2.2   Die Algorithmen von Neville und Aitken und das Horner-Schema

Wir numerieren nun unsere Stützstellen $x_0, x_1, \ldots, x_n$ um, so daß wir $x_{i_0}, x_{i_1}, \ldots, x_{i_n}$ schreiben können. Jetzt kann $i_0 = 0$ sein, aber auch eine Numerierung mit $i_0 = 4$ usw. ist denkbar! Es bezeichne

$$p_{i_0 i_1 \cdots i_k} \in \Pi_k$$

das Interpolationspolynom mit der Eigenschaft

$$p_{i_0 i_1 \cdots i_k}(x_{i_j}) = f_{i_j}, \quad j = 0, 1, \ldots, k.$$

Das Polynom p_i ist somit ein konstantes Polynom, das überall den Wert f_i hat. Das Polynom p_{i_3, i_4} ist ein lineares Polynom, das die Daten bei x_{i_3} und x_{i_4} interpoliert, usw.

Lemma 3.2.2 (Neville-Lemma) *Es gilt die Rekursionsformel*

(a) $p_{i_\ell} \equiv f_{i_\ell}$ *(konstantes Polynom)*

(b) $p_{i_0 i_1 \cdots i_k}(x) = \dfrac{(x - x_{i_0})p_{i_1 i_2 \cdots i_k}(x) - (x - x_{i_k})p_{i_0 i_1 \cdots i_{k-1}}(x)}{x_{i_k} - x_{i_0}}$

Beweis: Die Aussage (a) ist trivial. Die rechte Seite in der Formel (b) sei mit $P(x)$ bezeichnet. Offenbar ist $P \in \Pi_k$, denn Grad $P \leq k$. Nach Definition gilt

$$\begin{aligned}
P(x_{i_0}) &= \frac{(x_{i_0} - x_{i_0})p_{i_1 i_2 \cdots i_k}(x_{i_0}) - (x_{i_0} - x_{i_k})p_{i_0 i_1 \cdots i_{k-1}}(x_{i_0})}{x_{i_k} - x_{i_0}} \\
&= p_{i_0 i_1 \cdots i_{k-1}}(x_{i_0}) = f_{i_0},
\end{aligned}$$

$$\begin{aligned}
P(x_{i_k}) &= \frac{(x_{i_k} - x_{i_0})p_{i_1 i_2 \cdots i_k}(x_{i_k}) - (x_{i_k} - x_{i_k})p_{i_0 i_1 \cdots i_{k-1}}(x_{i_k})}{x_{i_k} - x_{i_0}} \\
&= p_{i_1 i_2 \cdots i_k}(x_{i_k}) = f_{i_k},
\end{aligned}$$

und für $j = 1, 2, \ldots, k - 1$:

$$\begin{aligned}
P(x_{i_j}) &= \frac{(x_{i_j} - x_{i_0})p_{i_1 i_2 \cdots i_k}(x_{i_j}) - (x_{i_j} - x_{i_k})p_{i_0 i_1 \cdots i_{k-1}}(x_{i_j})}{x_{i_k} - x_{i_0}} \\
&= \frac{(x_{i_j} - x_{i_0})f_{i_j} - (x_{i_j} - x_{i_k})f_{i_j}}{x_{i_k} - x_{i_0}} = f_{i_j}.
\end{aligned}$$

Das Polynom P ist also ein Polynom vom Grad $\leq k$, das die Bedingungen $P(x_{i_j}) = f_{i_j}$ erfüllt. Aus der Eindeutigkeit der Polynominterpolation folgt dann $P \equiv p_{i_0 i_1 \cdots i_k}$, was zu beweisen war. ∎

Der **Neville-Algorithmus** ermöglicht die Berechnung der Funktionswerte der interpolierenden Polynome $p_{i_0 i_1 \ldots i_k}$ in folgendem Tableau. Dabei schreiben wir aus Gründen der Übersichtlichkeit $p_{01\ldots k} := p_{i_0 i_1 \ldots i_n}$.

	$k=0$	1	2	3
x_0	$f_0 = p_0(x)$			
		$p_{01}(x)$		
x_1	$f_1 = p_1(x)$		$p_{012}(x)$	
		$p_{12}(x)$		$p_{0123}(x)$
x_2	$f_2 = p_2(x)$		$p_{123}(x)$	
		$p_{23}(x)$		
x_3	$f_3 = p_3(x)$			

Dabei entsteht jeder Eintrag durch die obige Rekursionsformel, z.B.

$$p_{123}(x) = \frac{(x - x_1)p_{23}(x) - (x - x_3)p_{12}(x)}{x_3 - x_1}.$$

Beispiel: Wir betrachten wieder die Daten

i	0	1	2
x_i	0	1	3
f_i	1	3	2

und wollen $p(2)$ berechnen, was offenbar dem Wert $p_{012}(2)$ entspricht. Um das Tableau

	$k=0$	1	2
$x_0 = 0$	$f_0 = p_0(2) = 1$		
		$p_{01}(2)$	
$x_1 = 1$	$f_1 = p_1(2) = 3$		$p_{012}(2)$
		$p_{12}(2)$	
$x_2 = 3$	$f_2 = p_2(2) = 2$		

auszufüllen, berechnen wir

$$
\begin{aligned}
p_{01}(2) &= \frac{(2-x_0)p_1(2) - (2-x_1)p_0(2)}{x_1 - x_0} \\
&= \frac{(2-0)\cdot 3 - (2-1)\cdot 1}{1-0} = 5, \\
p_{12}(2) &= \frac{(2-x_1)p_2(2) - (2-x_2)p_1(2)}{x_2 - x_1} \\
&= \frac{(2-1)\cdot 2 - (2-3)\cdot 3}{3-1} = \frac{5}{2}, \\
p_{012}(2) &= \frac{(2-x_0)p_{12}(2) - (2-x_2)p_{01}(2)}{x_2 - x_0} \\
&= \frac{(2-0)\cdot \frac{5}{2} - (2-3)\cdot 5}{3-0} = \frac{10}{3},
\end{aligned}
$$

und erhalten so

$$
p(2) = p_{012}(2) = \frac{10}{3}.
$$

Übungsaufgabe: Schreiben Sie ein Java-Programm zur Berechnung des Wertes eines Polynoms an einer festen Stelle nach dem Neville-Schema.

Im **Aitken-Algorithmus** wird die Reihenfolge der Berechnungen geändert und man hat das folgende, unsymmetrische, Tableau auszufüllen:

x_0	$f_0 = p_0(x)$				
x_1	$f_1 = p_1(x)$	$p_{01}(x)$			
x_2	$f_2 = p_2(x)$	$p_{02}(x)$	$p_{012}(x)$		
x_3	$f_3 = p_3(x)$	$p_{03}(x)$	$p_{013}(x)$	$p_{0123}(x)$	
x_4	$f_4 = p_4(x)$	$p_{04}(x)$	$p_{014}(x)$	$p_{0124}(x)$	$p_{01234}(x)$
$\vdots$	$\vdots$	$\vdots$	$\vdots$	$\vdots$	$\vdots$

Auch das **Horner-Schema** ist eine Möglichkeit, ein Polynom an einer festen Stelle auszuwerten. Dazu schreibt man das Polynom

$$
p(x) = a_0 + a_1 x + a_2 x^2 + \cdots + a_n x^n
$$

in der Form

$$p(x) = a_0 + x(a_1 + x(a_2 + \cdots + x(a_{n-1} + a_n x))) \cdots)$$

und durchläuft den folgenden Algorithmus:

$$b_{n-1} := a_n$$
$$\text{für } (j = n-2, n-3, \ldots, 0)$$
$$b_j = a_{j+1} + x b_{j+1}$$
$$p(x) = a_0 + x b_0.$$

Der Wert eines Polynoms vom Grad $\leq n$ lässt sich also mit nur n Multiplikationen und n Additionen berechnen!

Weiterhin schenkt uns das Horner-Schema das folgende interessante Resultat, das wir als schönes Blümlein am Wegesrand pflücken.

Lemma 3.2.3 *Es sei $p_n(x) = a_0 + a_1 x + a_2 x^2 + \cdots + a_n x^n$ ein Polynom aus Π_n, $x \in \mathbf{R}$, und $q_{n-1}(y) := b_0 + b_1 y + b_2 y^2 + \cdots + b_{n-1} y^{n-1}$ das mit den Koeffizienten b_k aus dem Algorithmus des Horner-Schemas gebildete Polynom $(n-1)$-ten Grades. Dann gilt für $n \geq 1$:*

$$p_n(y) = q_{n-1}(y)(y - x) + p_n(x). \qquad (3.5)$$

Beweis: Aus dem Algorithmus des Horner-Schemas entnehmen wir

$$a_j = b_{j-1} - x b_j, \quad j = 1, 2, \ldots, n-1$$

und

$$a_0 = p_n(x) - x b_0.$$

Dann folgt für (3.5):

$$p_n(y) = \sum_{j=0}^{n-1} b_j y^j (y - x) + p_n(x)$$

$$= \sum_{j=0}^{n-1} b_j y^{j+1} - x \sum_{j=0}^{n-1} b_j y^j + p_n(x)$$

und damit weiter

$$
\begin{aligned}
p_n(y) &= \sum_{j=1}^{n} b_{j-1} y^j - x \sum_{j=0}^{n-1} b_j y^j + p_n(x) \\[2mm]
&= b_{n-1} y^n + \sum_{j=1}^{n-1} (b_{j-1} - x b_j) y^j - x b_0 + p_n(x) \\[2mm]
&= a_n y^n + \sum_{j=1}^{n-1} a_j y^j + a_0 = \sum_{j=0}^{n} a_j y^j = p_n(y).
\end{aligned}
$$

$\blacksquare$

3.2.3   Das Newton-Polynom

Der numerisch geschickteste Ansatz zur Berechnung des Interpolationspolynoms wird nach Sir Isaac Newton benannt. Man setzt das gesuchte Polynom an in der Form

$$
\begin{aligned}
p(x) &= a_0 + a_1(x - x_0) + a_2(x - x_0)(x - x_1) + \ldots \\
&\quad \ldots + a_n(x - x_0) \cdots (x - x_{n-1}).
\end{aligned}
$$

Im Prinzip kann man nun alle gesuchten Koeffizienten a_i nacheinander durch Einsetzen berechnen:

$$
\begin{aligned}
p(x_0) &= a_0 \overset{!}{=} f_0 \\[2mm]
p(x_1) &= a_0 + a_1(x_1 - x_0) \overset{!}{=} f_1 \Leftrightarrow a_1 = \frac{f_1 - f_0}{x_1 - x_0} \\[2mm]
p(x_2) &= a_0 + a_1(x_2 - x_0) + a_2(x_2 - x_0)(x_2 - x_1) \overset{!}{=} f_2 \\[2mm]
&\Leftrightarrow a_2 = \frac{\frac{f_2 - f_0}{x_2 - x_0} - \frac{f_1 - f_0}{x_1 - x_0}}{x_2 - x_1}
\end{aligned}
$$

und so weiter. Das Polynom $p_0(x) := a_0$ interpoliert somit offenbar bei x_0, das Polynom $p_1(x) := a_0 + a_1(x - x_0) = f(x_0) +$

$\frac{f_1 - f_0}{x_1 - x_0}(x - x_0)$ interpoliert bei x_0 und x_1, usw. Man nennt die Polynome

$$p_k(x) := a_0 + a_1(x - x_0) + \ldots + a_k(x - x_0) \cdot \ldots \cdot (x - x_{k-1})$$

Abschnittspolynome. Nach unserer obigen Beobachtung gilt also

- Das Abschnittspolynom p_k interpoliert f an den Stellen $x_0, \ldots, x_k$

- $p_{k+1}(x) = p_k(x) + a_{k+1}(x - x_0) \cdot \ldots \cdot (x - x_k)$

- a_k ist im Polynom p_k der Koeffizient vor der höchsten Potenz x^k (der sogenannte **Leitkoeffizient**)

Damit tauchen bei der Berechnung des Newton-Polynoms sukzessive Polynome auf, die mit steigendem Grad immer mehr der gegebenen Daten interpolieren. Daraus resultiert eine wichtige Eigenschaft des Newton-Polynoms: Kommt zu den gegebenen Daten ein weiteres Datum hinzu, so geht man von dem schon berechneten Newton-Polynom weiter, und gewinnt einfach einen neuen Koeffizienten für das Interpolationspolynom höheren Grades. Im Fall der Lagrange-Polynome kann man in einem solchen Fall alles Berechnete wegwerfen und mit den neuen Daten noch einmal von vorne beginnen!

Nun aber zur wirklich effektiven Berechnung der Koeffizienten eines Newton-Polynoms! Wir treffen dabei wieder auf die geniale Idee der **Differenzenrechnung**, die schon hinter dem Neville-Lemma 3.2.2 steckt.

Der Leitkoeffizient des Abschnittpolynoms p_k hängt offenbar nur von den Werten bei $x_0, \ldots, \ldots x_k$ ab (man gewinnt a_0 ja gerade durch Einsetzen von x_0, a_1 durch Einsetzen von x_0 und x_1, usw.). Daher bezeichnen wir diesen Koeffizienten mit

$$f[x_0, x_1, \ldots, x_k] := a_k$$

und nennen ihn die k-**te dividierte Differenz** von f an den Punkten $x_0, \ldots, x_k$. Damit lässt sich das Newton-Polynom in der

Form

$$p(x) = f[x_0] + f[x_0, x_1](x - x_0)$$
$$+ f[x_0, x_1, x_2](x - x_0)(x - x_1) + \dots$$
$$+ f[x_0, x_1, \dots, x_n](x - x_0)(x - x_1) \cdot \dots$$
$$\cdot (x - x_{n-1})$$

$$(3.6)$$

schreiben. Die **dividierten Differenzen** $f[x_0, x_1, \dots, x_k]$ einer Funktion $x \mapsto f(x)$ können rekursiv durch die Vorschrift

$$f[x_i] = f_i$$
$$f[x_i, x_{i+1}, \dots, x_{i+k}] =$$
$$\frac{f[x_{i+1}, x_{i+2}, \dots, x_{i+k}] - f[x_i, x_{i+1}, \dots, x_{i+k-1}]}{x_{i+k} - x_i}$$

$$(3.7)$$

berechnet werden. Wir wollen hier eine noch allgemeinere Aussage beweisen, nämlich den folgenden Satz für ein Polynom, das Daten an den Stellen $x_i, \dots, x_{i+k}$ interpoliert. Der obige Fall folgt dann für $i = 0$ und $k = n$.

Satz 3.2.1 *Es gilt*

$$p_{i,i+1,\dots,i+k}(x) = f[x_i] + f[x_i, x_{i+1}](x - x_i) + \cdots$$
$$\cdots + f[x_i, x_{i+1}, \dots, x_{i+k}](x - x_i)(x - x_{i+1}) \cdots (x - x_{i+k-1}).$$

Beweis: Wir verwenden Induktion über k. Der Satz ist sicher richtig für $k = 0$, denn $p_i(x) \equiv f_i = f[x_i]$ ist sicher dasjenige Polynom vom Grad 0, das an der Stelle x_i interpoliert.

Nun sei der Satz richtig für $k - 1 \geq 0$. Da das Newton-Polynom aus Abschnittspolynomen aufgebaut ist, gilt

$$p_{i,i+1,\ldots,i+k}(x) = p_{i,i+1,\ldots,i+k-1}(x)$$
$$+a(x - x_i)(x - x_{i+1}) \cdots (x - x_{i+k-1}),$$

wobei der Koeffizient a der Leitkoeffizient von $p_{i,i+1,\ldots,i+k}$ ist. Nach Induktionsvoraussetzung ist $f[x_i, \ldots, x_{i+k-1}]$ der Leitkoeffizient von $p_{i,i+1,\ldots,i+k-1}$ und $f[x_{i+1}, \ldots, x_{i+k}]$ der Leitkoeffizient von $p_{i+1,\ldots,i+k}$, das heißt

$$p_{i,\ldots,i+k-1} = \ldots + f[x_i, \ldots, x_{i+k-1}] \cdot x^{k-1},$$
$$p_{i+1,\ldots,i+k} = \ldots + f[x_{i+1}, \ldots, x_{i+k}] \cdot x^{k-1}.$$

Nach der Nevilleschen Formel (Lemma **3.2.2**) ist

$$p_{i,i+1,\ldots,i+k}(x) = \frac{(x - x_i)p_{i+1,\ldots,i+k}(x) - (x - x_{i+k})p_{i,\ldots,i+k-1}(x)}{x_{i+k} - x_i}.$$

Der Leitkoeffizient auf der rechten Seite ist

$$\frac{f[x_{i+1}, \ldots, x_{i+k}] - f[x_i, \ldots, x_{i+k-1}]}{x_{i+k} - x_i},$$

was nach der Rekursionsformel der dividierten Differenzen gerade $f[x_i, \ldots, x_{i+k}]$ ist. Damit ist $a = f[x_i, \ldots, x_{i+k}]$, was ja gerade zu zeigen war. ∎

Da eine k-te dividierte Differenz stets aus der Differenz zweier $(k-1)$-ten dividierten Differenzen entsteht, liegt die Idee nahe, die dividierten Differenzen in einem **Differenzenschema** aufzuschreiben.

x	$f[\cdot] = f(\cdot)$	$f[\cdot,\cdot]$	$f[\cdot,\cdot,\cdot]$	$f[\cdot,\cdot,\cdot,\cdot]$	$f[\cdot,\cdot,\cdot,\cdot,\cdot]$
x_0	$f[x_0]$				
		$f[x_0,x_1]$			
x_1	$f[x_1]$		$f[x_0,x_1,x_2]$		
		$f[x_1,x_2]$		$f[x_0,x_1,x_2,x_3]$	
x_2	$f[x_2]$		$f[x_1,x_2,x_3]$		$f[x_0,x_1,x_2,x_3,x_4]$
		$f[x_2,x_3]$		$f[x_1,x_2,x_3,x_4]$	
x_3	$f[x_3]$		$f[x_2,x_3,x_4]$		
		$f[x_3,x_4]$			
x_4	$f[x_4]$				

Betrachten wir beispielhaft den Eintrag $f[x_1, x_2, x_3, x_4]$. Er ent-

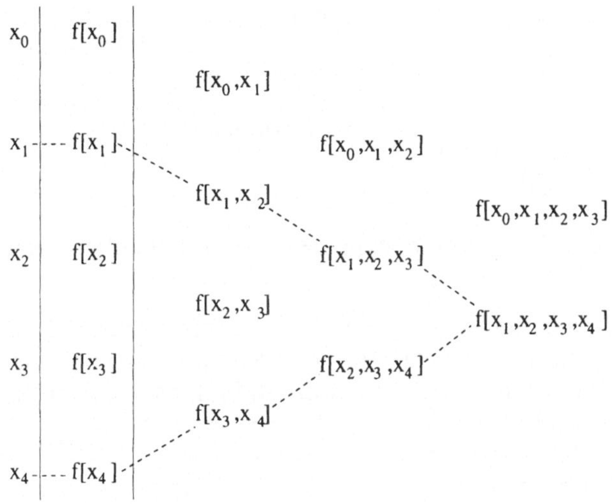

Bild 3.3: Ein Weg durch das Differenzenschema

steht aus der Differenz der beiden Größen zu seiner linken $(f[x_2, x_3, x_4] - f[x_1, x_2, x_3])$. Läuft man weiter diagonal durch das Diagramm nach links, dann endet man in Höhe der x-Werte x_1 bzw. x_4, wie in Abbildung 3.3 gezeigt ist. Damit gilt also

$$f[x_1, x_2, x_3, x_4] = \frac{f[x_2, x_3, x_4] - f[x_1, x_2, x_3]}{x_4 - x_1}.$$

3.2.4 Dividierte Differenzen auf Javanesisch

Wir wollen uns überlegen, wie wir die dividierten Differenzen in Javanesisch übersetzen können. Dazu bieten sich ja eigentlich zweidimensionale Felder, also arrays, an, denn man kann die dividierten Differenzen in k Spalten aufteilen, in denen jeweils ein Index i getreu Abbildung 3.4 läuft. In welchen Grenzen laufen nun k und i? Offenbar gilt

$$k \in [1, n],$$

x_0	$f[x_0]$	$k=1$	$k=2$	$k=3$
		$i=0$: $f[x_0,x_1]$		
x_1	$f[x_1]$		$i=0$: $f[x_0,x_1,x_2]$	
		$i=1$: $f[x_1,x_2]$		$i=0$: $f[x_0,x_1,x_2,x_3]$
x_2	$f[x_2]$		$i=1$: $f[x_1,x_2,x_3]$	
		$i=2$: $f[x_2,x_3]$		$i=1$: $f[x_1,x_2,x_3,x_4]$
x_3	$f[x_3]$		$i=2$: $f[x_2,x_3,x_4]$	
		$i=3$: $f[x_3,x_4]$		
x_4	$f[x_4]$			

Bild 3.4: Numerierung der dividierten Differenzen

denn es gibt bei $n+1$ gegebenen Werten genau n Spalten im Schema. In jeder Spalte steht nun eine unterschiedliche Anzahl von Differenzen. Ein Blick auf die Abbildung 3.4 zeigt uns, dass diese Anzahl stets $n-k+1$ ist, denn in unserem Fall ist $n=4$ und in der $k=1$ten Spalte stehen $n-k+1=4$ Differenzen, in der $k=2$ten Spalte $n-k+1=3$ Differenzen, usw., also

$$i \in [0, n-k].$$

Das legt die folgende Schleifenkonstruktion nahe, wobei im Feld $x[i], i=0,\ldots,n$, die Werte x_i und im Feld $f[i]$ die Werte f_i als Eingabe stehen:

```
// Initialisierung des Feldes d[][]
for (int i=0; i<=n; i++)
  d[i][0] = f[i];


// Berechnung der dividierten Differenzen
for (int k=1; k<=n; k++)
  for (int i=0; i<=n-k; i++)
    d[i][k] = (d[i+1][k-1] - d[i][k-1])/(x[i+k] - x[i]);
```

Wir können nun leicht sehen, dass wir mit dieser Methode etliche Differenzen berechnen, die wir später gar nicht mehr brauchen! Ist nämlich `d[i][k]` einmal berechnet, dann wird `d[i][k-1]` gar nicht mehr benötigt! Wir können also ohne Not den Wert von `d[i][k]` auf der Stelle `d[i][k-1]` überspeichern.

Außerdem sind wir ausschließlich an den Differenzen $f[x_0, \ldots, x_i]$ interessiert, alle anderen Differenzen werden zwar benötigt, aber nur zur internen Berechnung dieser uns interessierenden Differenzen. Daher ist ein viel besserer Algorithmus gegeben durch:

```
// Initialisierung des Feldes d[]
for (int i=0; i<=n; i++)
  d[i] = f[i];


// Berechnung der dividierten Differenzen
for (int k=1; k<=n; k++)
  for (int i=0; i<=n-k; i++)
    d[i] = (d[i+1] - d[i])/(x[i+k] - x[i]);
```

Jetzt wird das (eindimensionale !) Feld d[] immer wieder (für jedes neue k) überschrieben. Was bleibt übrig? Gehen wir unseren Algorithmus einmal Schritt für Schritt für $n = 4$ durch, dann erhalten wir das in Abbildung 3.5 gezeigte Schema. Nun haben wir offenbar die dividierten Differenzen auf der Unterseite des Schemas berechnet, wir wollten aber doch diejenigen auf der Oberseite berechnen! Eine einfache Umnumerierung hilft:

```
// Initialisierung des Feldes d[]
for (int i=0; i<=n; i++)
  d[i] = f[i];


// neues Feld dd[] initialisieren
dd[0] = d[0];


// Berechnung der dividierten Differenzen
for (int k=1; k<=n; k++)
{
  for (int i=0; i<=n-k; i++)
    d[i] = (d[i+1] - d[i])/(x[i+k] - x[i]);

  dd[k] = d[0];   // 0-te Komponente merken
}
```

```
// dd[k] enthaelt die div. Differenzen
//  f[x[0],...,x[k]], k=0,...,n
```

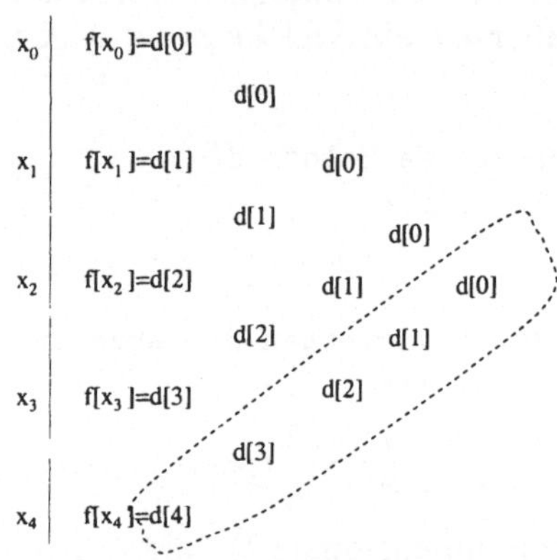

Bild 3.5: Ergebnis des Algorithmus'

Zur **Auswertung** eines Newton-Polynoms (d.i. die Berechnung eines Funktionswertes $p(x)$) bedient man sich vorteilhaft des sogenannten **Horner-Schema**s. Dazu bemerken wir, dass man das Polynom

$$p_n(x) \;=\; a_0 + a_1(x - x_0) + a_2(x - x_0)(x - x_1) + \ldots$$
$$\ldots + a_n(x - x_0)\cdots(x - x_{n-1})$$

in die Form

$$p_n(x) \;=\; a_0 + (x - x_0)\,[a_1 + (x - x_1)\,[a_2 + (x - x_2)\,[\cdots$$
$$\cdots[a_{n-1} + (x - x_{n-1})\,[a_n]]\cdots]]]$$

bringen kann. Nun liegt folgender Auswertealgorithmus – das Horner-Schema – auf der Hand:

$$\xi_n := a_n$$
$$\text{für } (i = n - 1, n - 2, \ldots, 0)$$
$$\xi_i := a_i + (x - x_{i+1})\xi_{i+1}$$

Nach Durchlauf des Algorithmus finden wir den gesuchten Wert in $\xi_0 = p_n(x)$.

3.2.5 Interpolationsfehler

Jedes Interpolationspolynom ist genau so konstruiert, dass es an den Punkten $x_i, i = 0, \ldots, n$ die Werte einer Funktion f exakt trifft. Was passiert aber an Punkten x, die nicht mit irgendeinem der x_i identisch sind? Denken wir etwa an die Funktion $f(x) = \sin x$, von der wir die Werte $f_i = \sin x_i$ an den Punkten $x_i = i\frac{2\pi}{100}, i = 0, 1, \ldots, 100$ kennen. Das Interpolationspolynom vom Grad 1, das die Daten $(x_0, f_0) = (0, 0)$ und $(x_{100}, y_{100}) = (0, 0)$ interpoliert, ist das konstante Polynom $p \equiv 0$. Die maximale Differenz zwischen diesem Interpolationspolynom und der Funktion f ist $|p(\pi/2) - f(\pi/2)| = |0 - 1| = 1$. Dieser Fehler hängt natürlich sowohl von p, als auch von f ab.

Satz 3.2.2 *Die Funktion f sei $(n + 1)$-mal differenzierbar. Zu jedem Punkt $\tilde{x}$ sei $I[x_0, \ldots, x_n; \tilde{x}]$ das kleinste Intervall, das alle Punkte x_i und $\tilde{x}$ enthält. Weiterhin bezeichne $p_{0,1,\ldots,n}$ das Interpolationspolynom vom Grad n, das die Daten $(x_i, f_i), i = 0, 1, \ldots, n$ interpoliert.*
Dann gibt es zu jedem Punkt $\tilde{x}$ einen Punkt $\xi \in I[x_0, \ldots, x_n; \tilde{x}]$, so dass für die Differenz zwischen Funktion und Interpolationspolynom an der Stelle $\tilde{x}$

$$f(\tilde{x}) - p_{0,1,\ldots,n}(\tilde{x}) = \frac{(\tilde{x} - x_0)(\tilde{x} - x_1) \cdots (\tilde{x} - x_n) \cdot \frac{d^{n+1}f}{dx^{n+1}}(\xi)}{(n + 1)!}$$

gilt.

Beweis: Zur Abkürzung setzen wir $P(x) := p_{0,1,\ldots,n}$ und $\omega(x) := (x - x_0)(x - x_1) \cdots (x - x_n)$. Wir bilden weiterhin die Funktion

$$F(x) := f(x) - P(x) - K\omega(x)$$

mit einer noch zu bestimmenden Größe K. Die Strategie ist nun zu zeigen, dass, wenn die Funktion $F(x)$ an der Stelle $x = \tilde{x}$ verschwindet, der Term K gerade $\frac{\frac{d^{n+1}f}{dx^{n+1}}(\xi)}{(n+1)!}$ ist.
Gilt $F(\tilde{x}) = 0$, dann hat F im Intervall $I[x_0, \ldots, x_n; \tilde{x}]$ mindestens die $n + 2$ Nullstellen $x_0, x_1, \ldots, x_n, \tilde{x}$. Nach dem Satz von Rolle

([26]) besitzt damit $F'(x)$ mindestens $n + 1$ Nullstellen, $F''(x)$ mindestens n Nullstellen, usw., und damit $F^{(n+1)}(x) = \frac{d^{n+1}f}{dx^{n+1}}(x)$ mindestens eine Nullstelle $\xi \in I[x_0, \dots, x_n; \tilde{x}]$. Da P ein Polynom vom Grad n ist, gilt $\frac{d^{n+1}P}{dx^{n+1}}(x) \equiv 0$. Man überzeugt sich leicht davon (vollständige Induktion), dass $\frac{d^{n+1}\omega}{dx^{n+1}}(x) = (n + 1)!$ gilt. Damit haben wir

$$\frac{d^{n+1}F}{dx^{n+1}}(\xi) = \frac{d^{n+1}f}{dx^{n+1}}(\xi) - K(n + 1)!,$$

also

$$K = \frac{\frac{d^{n+1}f}{dx^{n+1}}(\xi)}{(n + 1)!},$$

was zu beweisen war.   ■

In der Praxis verwendet man dieses Resultat meist in der pessimistischen Form

$$|f(\tilde{x}) - p_{0,1,\dots,n}(\tilde{x})| \; \leq \; \frac{|(\tilde{x} - x_0)(\tilde{x} - x_1) \cdots (\tilde{x} - x_n)|}{(n + 1)!} \times$$

$$\times \sup_{\xi \in I[x_0,\dots,x_n;\tilde{x}]} \left| \frac{d^{n+1}f}{dx^{n+1}}(\xi) \right|.$$

Aus dem eben bewiesenen Satz über den punktweisen Interpolationsfehler können wir noch eine weitere Einsicht über die dividierten Differenzen gewinnen. Dazu betrachten wir das Newtonsche Interpolationspolynom $p_{0,\dots,n}$ zu den Daten $(x_i, f_i), i = 0, \dots, n$. Nehmen wir nun das Datum $x_{n+1} = \tilde{x}, f_{n+1} = f(\tilde{x})$ mit $\tilde{x} \neq x_i, i = 0, \dots, n$ hinzu, dann gilt für das neue Newton-Polynom

$$p_{0,\dots,n+1}(x) = p_{0,\dots,n}(x) + f[x_0, x_1, \dots, x_n, \tilde{x}](x - x_0) \cdots (x - x_n),$$

also

$$p_{0,\dots,n+1}(x) = p_{0,\dots,n}(x) + f[x_0, x_1, \dots, x_n, \tilde{x}]\omega(x).$$

Speziell an der Stelle $\tilde{x}$ gilt

$$f(\tilde{x}) = p_{0,\ldots,n+1}(\tilde{x}) = p_{0,\ldots,n}(\tilde{x}) + f[x_0,x_1,\ldots,x_n,\tilde{x}]\omega(\tilde{x}),$$

also

$$f(\tilde{x}) - p_{0,\ldots,n}(\tilde{x}) = \omega(\tilde{x})f[x_0,x_1,\ldots,x_n,\tilde{x}].$$

Vergleichen wir diesen Ausdruck mit dem Resultat aus Satz **3.2.2**, dann ergibt sich

$$f[x_0,x_1,\ldots,x_n,\tilde{x}] = \frac{\frac{d^{n+1}f}{dx^{n+1}}(\xi)}{(n+1)!}$$

für ein $\xi \in I[x_0,\ldots,x_n;\tilde{x}]$. Damit haben wir allgemein bewiesen, dass

$$f[x_0,x_1,\ldots,x_n] = \frac{\frac{d^n f}{dx^n}(\xi)}{n!}$$

für ein $\xi \in I[x_0,\ldots,x_n]$ gilt. Die n-te dividierte Differenz hat also etwas mit der n-ten Ableitung von f zu tun!

Soweit die Aussagen über den **punktweisen** Interpolationsfehler. Wie steht es aber mit der **gleichmäßigen Konvergenz**? Schmiegt sich bei steigendem Polynomgrad (d.h. bei steigender Anzahl von Datenpunkten) das Interpolationspolynom notwendig dicht an die zu interpolierende Funktion an? Nein, das ist im allgemeinen nicht der Fall! Ein instruktives Beispiel ist von Carl Runge im Jahr 1901[3] gefunden worden, nämlich

$$f(x) := \frac{1}{1+x^2}, \quad x \in [-5,5],$$

mit den Interpolationsknoten

$$x_i := -5 + \frac{10(i-1)}{n-1}, \quad i = 1,2,\ldots,n.$$

[3]C. Runge – Über empirische Funktionen und die Interpolation zwischen äquidistanten Ordinaten. (Z. Math. u. Physik, **46**, pp.224-243, (1901))

Runge konnte beweisen, das die maximale Differenz zwischen der Funktion f und dem Interpolationspolynom zwischen den Datenpunkten gegen unendlich geht, genauer:

$$\|f - p_{1,2,\dots,n}\|_\infty := \max_{x \in [-5,5]} |f(x) - p_{1,2,\dots,n}(x)| \xrightarrow{n \to \infty} \infty.$$

Hier kann man Abhilfe dadurch schaffen, dass man die Datenpunkte nicht äquidistant verteilt, sondern nach der Lage der Nullstellen gewisser Orthogonalpolynome, aber selbst dann finden sich Beispiele, in denen die Polynominterpolation bei wachsender Gradzahl divergiert.

Übungsaufgabe: Schreiben Sie ein Java-Programm Runge.java, mit der sich die obige Funktion durch ein Newton-Polynom interpolieren läßt, und lassen Sie die Abweichung zwischen Funktion und Polynom im Bereich $x \in [4,5]$ als Funktion vom Polynomgrad zeichnen.

In den folgenden Abbildungen in 3.6 sehen Sie, was Runge.java in den Fällen $n = 5$, $n = 7$, $n = 15$ und $n = 25$ liefern sollte. Im Fall von $n = 25$ sind die Oszillationen des Interpolationspolynoms bereits so groß, dass im benötigten Maßstab die eigentliche Runge-Funktion gar nicht mehr zu sehen ist.

Zur Abhilfe dieser Problematik hat sich das Konzept der **Splines** durchgesetzt, das wir kurz streifen wollen.

3.2.6 Splines

Im Schiffbau gibt es seit Urzeiten ein einfaches Werkzeug, um die Form der Schiffsbeplankungen, die sogenannten *Stringer*, in Längsrichtung des Schiffes zu ermitteln. Es handelt sich dabei um eine *Straklatte*, eine Latte mit konstantem rechteckigen Querschnitt, die auf die Spanten des Schiffes gelegt wird. An den Spanten wird die Straklatte, im englischen Sprachgebrauch **Spline**, in Querrichtung eingespannt. Es treten also keine Kräfte in Längsrichtung auf, der Spline ist in den Lagern in Längsrichtung frei verschieblich, siehe Abbildung 3.7. Die Positionen der Lager seien $(x_i, y_i), i = 1, \dots, n$. Die y-Koordinate wird dabei

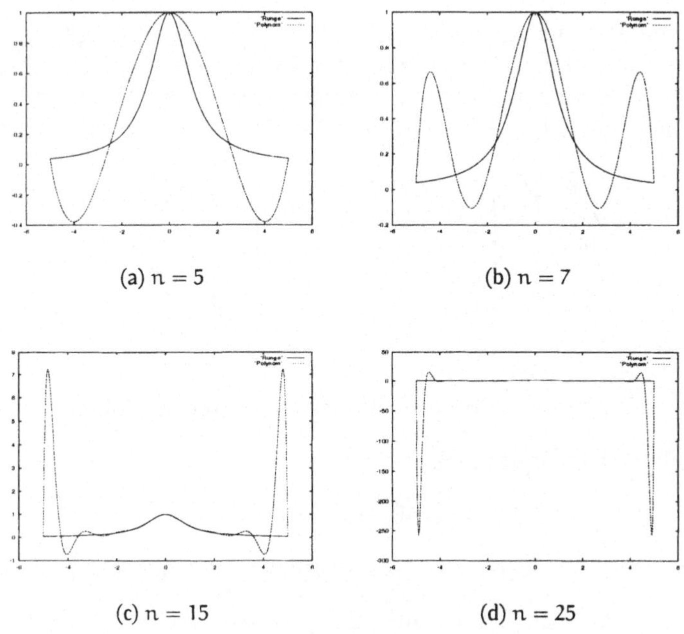

(a) $n = 5$

(b) $n = 7$

(c) $n = 15$

(d) $n = 25$

Bild 3.6: Interpolationspolynome für verschiedene n

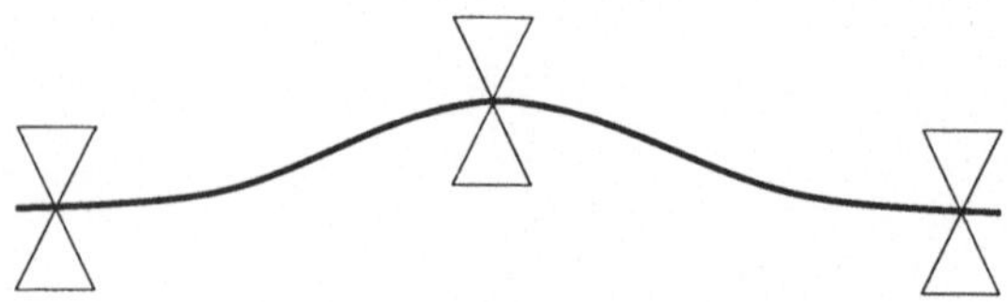

Bild 3.7: Ein Spline

von einer Funktion $x \mapsto f(x)$, der sogenannten *Biegelinie*, erzeugt. Schneiden wir ein Stück der Straklatte heraus und tragen Kräfte und Biegemomente an, dann muss sich ein längskraftfreies Gleichgewicht nach Abbildung 3.8 einstellen. Aus dem Kräfte-

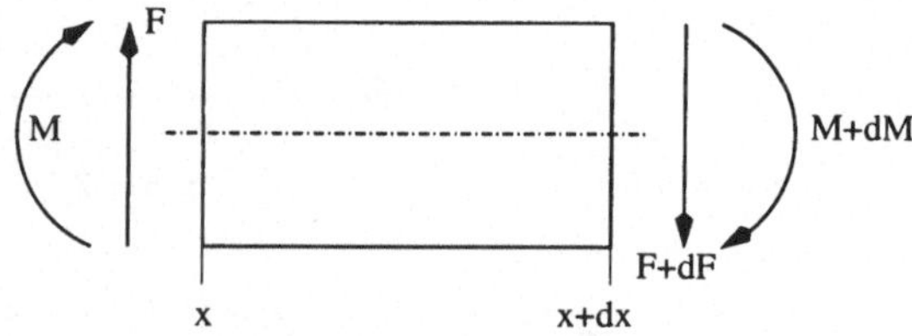

Bild 3.8: Ein infinitesimales Stück der Straklatte

gleichgewicht ergibt sich

$$F - (F + dF) = 0 \quad \Leftrightarrow \quad dF = 0$$

und damit gilt $dF/dx = 0$. Das Momentengleichgewicht ergibt

$$M - (M + dM) + (F + dF) \cdot dx = 0 \quad \Leftrightarrow \quad dM - F \cdot dx = 0,$$

also

$$\frac{dM}{dx} = F.$$

In der Mechanik wird gezeigt, dass die Biegelinie $x \mapsto f(x)$ der Gleichung

$$M = c \frac{f''}{\sqrt{(1 + (f')^2)^3}}$$

mit einer geeigneten Konstanten c genügt. Für kleine Auslenkungen der Straklatte ist f' sehr klein und der Nenner so nahe bei 1, dass man häufig den *linearisierten* Fall

$$M = cf''$$

betrachtet. Oben hatten wir bereits $M' = F$ herausgefunden, d.h. die dritten Ableitungen der Biegelinie sind zu den Kräften proportional. Wegen $F' = 0$ folgt $M'' = F' = 0$ und damit ist die vierte Ableitung von f Null: $f^{(iv)} = d^4f/dx^4 = 0$. Da die Latte an den Enden a und b gerade auslaufen wird, gilt dort

$$f''(a) = f''(b) = 0.$$

Man kann ein Straklatte also durch Funktionen modellieren, die auf jedem Intervall $[x_i, x_{i+1}]$ definiert sind, deren erste und zweite Ableitungen an den Knoten x_i paarweise übereinstimmen, deren dritte Ableitung konstant ist (Proportionalität zur Kraft) und deren vierte Ableitungen verschwinden. Diese Eigenschaften werden von Polynomen dritten Grades erfüllt.

Um die gerade Straklatte in ihre Endlage zu verformen, muss man die *Biegeenergie*

$$E = \tilde{c} \int_a^b (f''(x))^2 \, dx$$

aufwenden. Dabei bezeichnen a und b wie oben den Anfangs- und Endpunkt der Straklatte. Unter allen zweimal stetig differenzierbaren Funktionen f auf $[a, b]$ mit $f(x_i) = y_i, i = 1, \ldots, n$ und $f''(a) = f''(b) = 0$ ist die Endlage der Biegelinie optimal in dem Sinne, dass die Biegeenergie minimal ist.

In der Mathematik bezeichnet man verallgemeinernd *jede* stückweise definierte, polynomiale Funktion als **Spline**, wenn nur gewisse Übergangsbedingungen an den Knoten eingehalten werden.

Lineare Splines

Die einfachste Möglichkeit der Interpolation von n Daten $(x_i, f_i), i = 1, \ldots, n$, ist die lineare Verbindung zwischen den Da-

tenpunkten. Diese stückweise lineare Funktion $P_{f,1}$ nennt man
linearen Spline und wir haben diese Splines bereits früher in Abschnitt **3.1.1** diskutiert. Wir können den linearen Spline in der

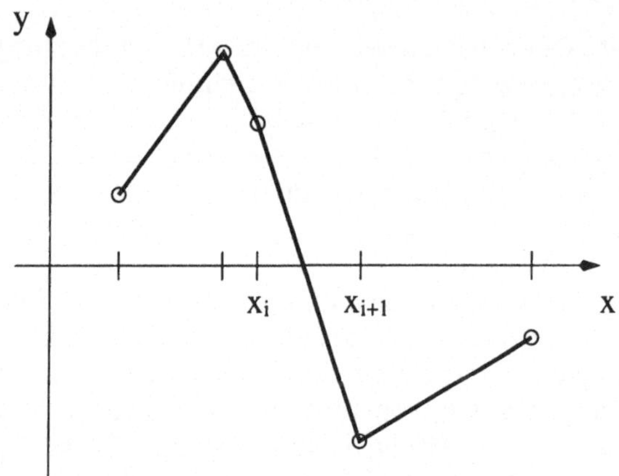

Bild 3.9: Ein linearer Spline

Form

$$P_{f,1}(x) = \sum_{k=1}^{n} f_k L_k(x) \tag{3.8}$$

schreiben, wobei die L_k die aus Abschnitt **3.1.1** bekannten linearen Hutfunktionen sind.

Auf jedem Intervall $[x_k, x_{k+1}]$ gilt

$$s_k(x) := P_{f,1}\big|_{[x_k,x_{k+1}]}(x) = f_k \frac{x_{k+1} - x}{x_{k+1} - x_k} + f_{k+1} \frac{x - x_k}{x_{k+1} - x_k}. \tag{3.9}$$

Mit linearen Splines könnten wir eigentlich sehr zufrieden sein,
allerdings sind wir mit einem großem Nachteil konfrontiert: Der
lineare Spline ist an den Datenpunkten *nicht* differenzierbar!

Quadratische Splines

In Anlehnung an den linearen Spline definieren wir den interpolierenden **quadratischen Spline** $P_{f,2}$ durch die Eigenschaften

1. $P_{f,2}|_{[x_i,x_{i+1}]}$ ist ein quadratisches Polynom,

2. $P_{f,2}$ **und** $\frac{d}{dx}P_{f,2} = P'_{f,2}$ sind stetig an den Datenpunkten.

Auf jedem Intervall $[x_i, x_{i+1}]$ macht man den Ansatz

$$s_i(x) := P_{f,2}|_{[x_i,x_{i+1}]} := a_0 + a_1(x - x_i) + a_2(x - x_i)^2.$$

Es werden also drei Bedingungen benötigt, um die unbekannten Koeffizienten a_0, a_1, a_2 zu ermitteln. Diese drei Bedingungen finden wir in

1. $s_i(x_i) = f_i \quad \Leftrightarrow \quad a_0 = f_i$

2. $s_i(x_{i+1}) = f_{i+1} \quad \Leftrightarrow \quad f_i + a_1(x_{i+1} - x_i) + a_2(x_{i+1} - x_i)^2$
$$= f_{i+1}$$

3. $s'_i(x_i) = \mathfrak{s}_i \quad \Leftrightarrow \quad a_1 = \mathfrak{s}_i,$

wobei wir die Steigung bei x_i mit $\mathfrak{s}_i$ bezeichnet haben haben. Der Schlüssel zur Konstruktion des Splines ist die Berechnung dieser Steigungen. Mit 1. und 3. ergibt sich aus 2., aufgelöst nach a_2:

$$a_2 = \frac{f_{i+1} - f_i}{x_{i+1} - x_i} - \frac{\mathfrak{s}_i}{x_{i+1} - x_i}.$$

Damit ergibt sich für das i-te Teilstück des quadratischen Splines

$$s_i(x) = f_i + \mathfrak{s}_i(x - x_i) + \left(\frac{f_{i+1} - f_i}{(x_{i+1} - x_i)^2} - \frac{\mathfrak{s}_i}{x_{i+1} - x_i} \right)(x - x_i)^2$$

und nun müssen wir nur noch die Steigungen $\mathfrak{s}_i$ ermitteln! Für die Ableitung von s_i folgt

$$s'_i(x) = \mathfrak{s}_i + 2 \left(\frac{f_{i+1} - f_i}{(x_{i+1} - x_i)^2} - \frac{\mathfrak{s}_i}{x_{i+1} - x_i} \right)(x - x_i).$$

Setzt man $x = x_{i+1}$, dann folgt

$$s_i'(x_{i+1}) = \mathfrak{s}_i + 2\frac{f_{i+1} - f_i}{x_{i+1} - x_i} - 2\mathfrak{s}_i \overset{!}{=} \mathfrak{s}_{i+1},$$

also ist das Resultat

$$\mathfrak{s}_i + \mathfrak{s}_{i+1} = 2\frac{f_{i+1} - f_i}{x_{i+1} - x_i}, \quad i = 1, \ldots, n-1.$$

Dies ist eine Rekursionsgleichung für die Steigungen! Man muss genau eine Steigung vorgeben (im allgemeinen ist das die Steigung $\mathfrak{s}_1 = s_1'(a)$ am linken Intervallrand) und die Rekursionsgleichung erlaubt die Berechnung aller weiteren Steigungen. Die Steigungen ermöglichen die Berechnung aller Koeffizienten a_0, a_1, a_2 in jedem Teilintervall und damit ist der gesamte Spline bekannt.

Quadratische Splines sind in der Praxis für Interpolationszwecke nicht gefragt. Die zweiten Ableitungen sind unstetig an den Stützstellen und zeigen häufig Nulldurchgänge, wodurch die Stützstellen zu Wendepunkten werden. Das ist der Grund für das stark oszillatorische Erscheinungsbild einer quadratischen Spline-Interpolante.

Kubische Splines

Ein einfacher Ansatz. Nun endlich kommen wir zu **den** Splines, den **kubischen Splines**, die die mathematischen Analoga der Straklatten sind. Man konstruiert in jedem Interval $[x_i, x_{i+1}]$ ein kubisches Polynom

$$s_i(x) := P_{f,3}(x)|_{[x_i, x_{i+1}]} := a_0 + a_1 x + a_2 x^2 + a_3 x^3$$

und fordert, dass an den Stützstellen die ersten *und* zweiten Ableitungen der Teilpolynome übereinstimmen. M.a.W. fordert man

$$
\begin{aligned}
s_i(x_i) &= f_i &,&& s_i(x_{i+1}) &= f_{i+1} \\
s_i'(x_i) &= s_{i-1}'(x_i) &,&& s_i'(x_{i+1}) &= s_{i+1}'(x_{i+1}) && (3.10) \\
s_i''(x_i) &= s_{i-1}''(x_i) &,&& s_i''(x_{i+1}) &= s_{i+1}''(x_{i+1}) && (3.11)
\end{aligned}
$$

und hat damit vier Bedingungen für die vier Unbekannten a_0, a_1, a_2, a_3 auf jedem Teilintervall..... *Vier* Bedingungen?? Wir sehen doch sechs, oder? Ja, aber an inneren Knoten werden die Bedingungen für erste und zweite Ableitungen von jeweils *zwei* Teilpolynomen benutzt! In der Abbildung 3.10 haben wir beispielhaft einen Fall mit vier Teilpolynomen dargestellt. Am lin-

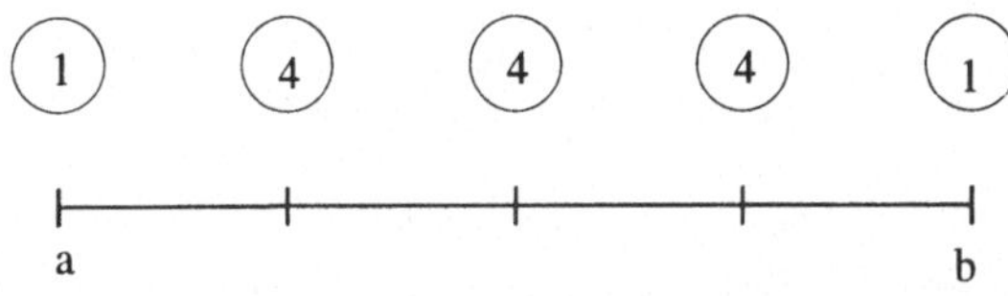

Bild 3.10: Anzahl der Bedingungen für einen kubischen Spline

ken und rechten Rand ist nur die Interpolationsbedingung zu erfüllen; daher nur jeweils eine Bedingung. Im Inneren sind aber für jedes Teilpolynom an jeder Teilintervallgrenze zwei Bedingungen an die Ableitungen zu erfüllen (Gleichheit der ersten und zweiten Ableitung) und jedes Teilpolynom muss auch noch interpolieren (das macht an jeder inneren Stützstelle weitere zwei Bedingungen). Damit kommen wir auf insgesamt 14 Bedingungen für 4 Teilpolynome. Da jedes Teilpolynom 4 unbekannte Koeffizienten besitzt benötigen wir aber $4 \times 4 = 16$ Bedingungen. Die zwei fehlenden holen wir uns aus der Vorgabe der zweiten Ableitung an beiden Rändern a und b, denn am linken Rand $x_i = a$ gibt es natürlich keinen linken Nachbarn x_{i-1} und am rechten Rand $x_i = b$ keinen rechten Nachbarn x_{i+1}. Hier werden wir die zweiten Ableitungen sowieso irgendwie explizit vorgeben müssen.

Stellen wir uns die einfachere Situation $a = x_1 < x_2 < x_3 = b$ vor und bezeichnen die zwei Teilpolynome mit $s_i(x) = a_0^i + a_1^i x +$

$a_2^i x^2 + a_3^i x^3, i = 1, 2$. Nach (3.10) muss s_1 die Bedingungen

$$s_1(x_1) = f_1 \quad \Rightarrow \quad a_0^1 + a_1^1 x_1 + a_2^1 x_1^2 + a_3^1 x_1^3 = f_1$$
$$s_1(x_2) = f_2 \quad \Rightarrow \quad a_0^1 + a_1^1 x_2 + a_2^1 x_2^2 + a_3^1 x_2^3 = f_2$$
$$s_1'(x_2) - s_2'(x_2) = 0 \quad \Rightarrow \quad a_1^1 + 2a_2^1 x_2 + 3a_3^1 x_2^2 - a_1^2$$
$$-2a_2^2 x_2 - 3a_3^2 x_2^2 = 0$$
$$s_1''(x_2) - s_2''(x_2) = 0 \quad \Rightarrow \quad 2a_2^1 + 6a_3^1 x_2 - 2a_2^2 - 6a_3^2 x_2 = 0$$

erfüllen. Für s_2 verbleiben dann noch die Bedingungen

$$s_2(x_2) = f_2 \quad \Rightarrow \quad a_0^2 + a_1^2 x_2 + a_2^2 x_2^2 + a_3^2 x_2^3 = f_2$$
$$s_2(x_3) = f_3 \quad \Rightarrow \quad a_0^2 + a_1^2 x_3 + a_2^2 x_3^2 + a_3^2 x_3^3 = f_3,$$

denn die Bedingungen an die Ableitungen haben wir ja bereits für s_1 formuliert. Damit haben wir insgesamt also 6 Bedingungen für die 8 Koeffizienten. Wir wollen die sogenannten **natürlichen Randbedingungen**

$$s_1''(x_1) = s_1''(a) = 0, \quad s_2''(x_3) = s_2''(b) = 0$$

vorschreiben[4]. Dann lauten die zwei Zusatzbedingungen

$$2a_2^1 + 6a_3^1 x_1 = 0$$
$$2a_2^2 + 6a_3^2 x_3 = 0.$$

Schreiben wir unsere Bedingungen dann in Matrixform, so erhalten wir das folgende 8×8-System:

$$
\begin{pmatrix}
1 & x_1 & x_1^2 & x_1^3 & 0 & 0 & 0 & 0 \\
1 & x_2 & x_2^2 & x_2^3 & 0 & 0 & 0 & 0 \\
0 & 1 & 2x_2 & 3x_2^2 & 0 & -1 & -2x_2 & -3x_2^2 \\
0 & 0 & 2 & 6x_2 & 0 & 0 & -2 & -6 \\
0 & 0 & 0 & 0 & 1 & x_2 & x_2^2 & x_2^3 \\
0 & 0 & 0 & 0 & 1 & x_3 & x_3^2 & x_3^3 \\
0 & 0 & 2 & 6x_1 & 0 & 0 & 0 & 0 \\
0 & 0 & 0 & 0 & 0 & 0 & 2 & 6x_3
\end{pmatrix}
\begin{pmatrix}
a_0^1 \\ a_1^1 \\ a_2^1 \\ a_3^1 \\ a_0^2 \\ a_1^2 \\ a_2^2 \\ a_3^2
\end{pmatrix}
=
\begin{pmatrix}
f_1 \\ f_2 \\ 0 \\ 0 \\ f_2 \\ f_3 \\ 0 \\ 0
\end{pmatrix}.
$$

---

[4]Diese Randbedingungen heissen *natürlich*, weil sie für den Schiffbauer mit seiner Straklatte die genau passenden Randbedingungen sind. Bei der Interpolation ist das krümmungsfreie Auslaufen des Splines oft gar nicht erwünscht (z.B. weil es gar nicht zu den Daten passt) und man kann dann jederzeit andere Vorgaben machen.

Wenn Sie dieses System mit Hilfe eines Computer-Algebra-Systems exakt lösen, haben Sie natürlich keine Probleme. Wenn Sie allerdings versuchen, das System *numerisch* zu lösen, dann können Sie bei großen Systemen böse Überraschungen erleben, denn die Matrix hat schlechte numerische Eigenschaften (es befinden sich sogar Teile der Vandermonde-Matrix darin). Außerdem hat man als Mensch Probleme, eine vernünftige Struktur im Gleichungssystem zu sehen. Könnten Sie nach einem Blick auf die obige Matrix sofort die Matrix für 4 Teilpolynome hinschreiben? Ich nicht!

Ein zu bevorzugender Ansatz.   Aus diesen Gründen gibt es bessere Wege, um an die Koeffizienten des Splines zu gelangen! Dazu schreiben wir das Teilpolynom s_i in der Form

$$s_i(x) \;=\; c_{1,i} + c_{2,i}(x - x_i) + c_{3,i}(x - x_i)^2 + c_{4,i}(x - x_i)^3,$$
$$i = 1, \dots, n - 1. \tag{3.12}$$

Da Polynominterpolation eindeutig ist, brauchen wir keine Angst zu haben, mit diesem Ansatz ein ganz anderes Polynom als oben zu berechnen. Mit $\mathfrak{s}_i$ wollen wir die ersten Ableitungen des Splines am Knoten x_i bezeichnen. Wir tun im folgenden so, als drehe sich alles nur noch um diese ersten Ableitungen und als könnten wir sie beliebig vorgeben. Es sind also so etwas wie unsere *freien Parameter*.
Zwei der Koeffizienten können wir schnell dingfest machen, denn aus $s_i(x_i) = f_i$ und $s_i'(x_i) = \mathfrak{s}_i$ folgt sofort

$$c_{1,i} = f_i, \quad c_{2,i} = \mathfrak{s}_i.$$

Aus den Bedingungen $s_i(x_{i+1}) = f_{i+1}$ und $s_i'(x_{i+1}) = \mathfrak{s}_{i+1}$ erhalten wir

$$f_i + c_{2,i}(x_{i+1} - x_i) + c_{3,i}(x_{i+1} - x_i)^2 + c_{4,i}(x_{i+1} - x_i)^3 \;=\; f_{i+1}$$
$$\mathfrak{s}_i + 2c_{3,i}(x_{i+1} - x_i) + 3c_{4,i}(x_{i+1} - x_i)2 \;=\; \mathfrak{s}_{i+1},$$

und das ist ein lineares Gleichungssystem

$$\begin{pmatrix} (x_{i+1} - x_i)^2 & (x_{i+1} - x_i)^3 \\ 2(x_{i+1} - x_i) & 3(x_{i+1} - x_i)^2 \end{pmatrix} \begin{pmatrix} c_{3,i} \\ c_{4,i} \end{pmatrix}$$

$$= \begin{pmatrix} f_{i+1} - f_i - s_i(x_{i+1} - x_i) \\ s_{i+1} - s_i \end{pmatrix}$$

für die zwei noch unbekannten Koeffizienten $c_{3,i}$ und $c_{4,i}$, das wir per Hand lösen können! Wir erhalten

$$c_{3,i} = \frac{3f_{i+1} - 3f_i - 2s_i(x_{i+1} - x_i) - s_{i+1}(x_{i+1} - x_i)}{(x_{i+1} - x_i)^2} \quad (3.13)$$

$$c_{4,i} = \frac{2f_i - 2f_{i+1} + s_i(x_{i+1} - x_i) + s_{i+1}(x_{i+1} - x_i)}{(x_{i+1} - x_i)^3}.$$

Jetzt haben wir alle Koeffizienten in Abhängigkeit der Steigungen s_i berechnet. Wie aber berechnen wir die Steigungen? Nun wird es Zeit, sich wieder an unser eigentliches Ziel zu erinnern. Wir wollen einen kubischen Spline und damit verlangen wir

$$s_{i-1}''(x_i) \overset{!}{=} s_i''(x_i)$$

an den inneren Knoten! Mit Hilfe unseres Ansatzes für die Teilpolynome ist das aber gerade

$$2c_{3,i-1} + 6c_{4,i-1}(x_i - x_{i-1}) \overset{!}{=} 2c_{3,i}.$$

Nun haben wir aber gerade Ausdrücke für die Koeffizienten $c_{3,i}$ und $c_{4,i}$ (und damit für $c_{3,i-1}$ und $c_{4,i-1}$) gefunden, die wir nun einsetzen können:

$$2\frac{3f_i - 3f_{i-1} - 2s_{i-1}(x_i - x_{i-1}) - s_i(x_i - x_{i-1})}{(x_i - x_{i-1})^2}$$

$$+3\frac{2f_{i-1} - 2f_i + s_{i-1}(x_i - x_{i-1}) + s_i(x_i - x_{i-1})}{(x_i - x_{i-1})^3}(x_i - x_{i-1})$$

$$= 2\frac{3f_{i+1} - 3f_i - 2s_i(x_{i+1} - x_i) - s_{i+1}(x_{i+1} - x_i)}{(x_{i+1} - x_i)^2}.$$

Sie meinen, das sieht hinreichend furchtbar aus? Im Gegenteil: **Wir haben jetzt ein wunderschönes lineares Gleichungssystem für die Steigungen $\mathfrak{s}_i$ erhalten!**. Nach ein wenig Aufräumen erhalten wir

$$\frac{3(f_{i-1} - f_i)}{(x_i - x_{i-1})^2} + \frac{1}{x_i - x_{i-1}}\mathfrak{s}_{i-i} + \frac{2}{x_i - x_{i-1}}\mathfrak{s}_i =$$
$$\frac{3(f_{i+1} - f_i)}{(x_{i+1} - x_i)^2} - \frac{2}{x_{i+1} - x_i}\mathfrak{s}_i - \frac{1}{x_{i+1} - x_i}\mathfrak{s}_{i+1}.$$

Nun multiplizieren wir noch mit $x_{i+1} - x_i$ und $x_i - x_{i-1}$ und schaffen die f-Terme auf die rechte Seite und, *voila*:

$$(x_{i+1} - x_i)\mathfrak{s}_{i-1} + 2(x_{i+1} - x_{i-1})\mathfrak{s}_i + (x_i - x_{i-1})\mathfrak{s}_{i+1} =$$
$$3\left(\frac{(f_{i+1} - f_i)(x_i - x_{i-1})}{x_{i+1} - x_i} + \frac{(f_i - f_{i-1})(x_{i+1} - x_i)}{x_i - x_{i-1}}\right).$$

Führen wir noch die Bezeichnung $\Delta x_i := x_{i+1} - x_i$ ein, dann schreibt sich das ganze noch eleganter als

$$\Delta x_i \mathfrak{s}_{i-1} + 2(\Delta x_i + \Delta x_{i-1})\mathfrak{s}_i + \Delta x_{i-1}\mathfrak{s}_{i+1} =$$
$$3\left(\frac{(f_{i+1} - f_i)\Delta x_{i-1}}{\Delta x_i} + \frac{(f_i - f_{i-1})\Delta x_i}{\Delta x_{i-1}}\right).$$

Da die Indizes $i - 1$ und $i + 1$ vorkommen, läuft der Index i für $i = 2, 3, \ldots, n - 1$. Über die Vorgabe der fehlenden Parameter am rechten und linken Rand machen wir uns gleich Gedanken. Damit erscheint unser System für die Steigungen in der Form

$$\begin{pmatrix} \Delta x_2 & 2(\Delta x_2 + \Delta x_1) & \Delta x_1 \\ & \Delta x_3 & 2(\Delta x_3 + \Delta x_2) & \Delta x_2 \\ & & \ddots & \ddots & \ddots \\ & & & \Delta x_{n-1} & 2(\Delta x_{n-1} + \Delta x_{n-2}) & \Delta x_{n-2} \end{pmatrix} \times$$

$$\times \begin{pmatrix} \mathfrak{s}_1 \\ \mathfrak{s}_2 \\ \vdots \\ \mathfrak{s}_n \end{pmatrix} = \begin{pmatrix} 3\left(\frac{(f_3 - f_2)\Delta x_1}{\Delta x_2} + \frac{(f_2 - f_1)\Delta x_2}{\Delta x_1}\right) \\ 3\left(\frac{(f_4 - f_3)\Delta x_2}{\Delta x_3} + \frac{(f_3 - f_2)\Delta x_3}{\Delta x_2}\right) \\ \vdots \\ 3\left(\frac{(f_n - f_{n-1})\Delta x_{n-2}}{\Delta x_{n-1}} + \frac{(f_{n-1} - f_{n-2})\Delta x_{n-1}}{\Delta x_{n-2}}\right) \end{pmatrix}$$

und das ist ein **tridiagonales, diagonaldominantes Gleichungssystem** für die Steigungen. Das einzig verbleibende Problem ist die Tatsache, dass wir zwei Gleichungen zu wenig haben, denn unsere Koeffizientenmatrix ist eine $(n-2) \times n$-Matrix! Wieder spiegelt sich an dieser Stelle das Fehlen von zwei Randbedingungen an den Intervallgrenzen a und b wieder! Wir werden die Wahl der Randbedingungen in einer Minute diskutieren und vorerst annehmen, dass wir zwei Zusatzgleichungen haben, die das System zu einem $n \times n$-System ergänzen. Dann bedeutet die Eigenschaft *tridiagonal und diagonaldominant* insbesondere, dass jedes numerische Verfahren (auch der Gaußsche Algorithmus *ohne* Pivotsuche!) keinerlei Probleme bei der Lösung haben wird! Außerdem erkennt man in diesem System ohne Probleme eine Struktur; immerhin haben wir gleich den allgemeinen Fall aufschreiben können.

Nun geht man so vor: Man berechnet die Steigungen aus unserem Tridiagonalsystem, geht damit in die Gleichungen für $c_{3,i}$ und $c_{4,i}$, und erhält damit die vollständige Form jedes Teilpolynoms s_i nach (3.12).

Wahl der Anfangs- und Endbedingung

Der natürliche Spline. Wir haben bisher nur den Fall natürlicher Randbedingungen diskutiert und diese können wir natürlich auch bei unserem Ansatz über die Steigungen verwenden, um die fehlenden Parameter zu bestimmen. Analysieren wir diesen Fall einmal und nehmen wir verallgemeinernd an, wir wüssten irgendwelche Werte $s_1''(a) =: \ell_1$ und $s_n''(b) =: \ell_n$ für die zweiten Ableitungen an den Intervallrändern.

Ausgehend von unserem Ansatz (3.12) berechnen wir für die zweite Ableitung

$$s_i''(x) = 2c_{3,1} + 6c_{4,1}(x - x_1)^2.$$

An der Stelle $x_1 = a$ folgt $s_1''(a) = 2c_{3,1} = \ell_1$. Nun brauchen wir nur die Formel (3.13) für $c_{3,1}$

$$c_{3,1} = \frac{3f_2 - 3f_1 - 2s_1(x_2 - x_1) - s_2(x_2 - x_1)}{(x_2 - x_1)^2}$$

hinzuschreiben und in $2c_{3,1} = \ell_1$ einzusetzen. Nach etwas Umstellerei erhält man daraus ohne Mühe

$$2s_1 + s_2 = 3\frac{f_2 - f_1}{x_2 - x_1} - \ell_1(x_2 - x_1).$$

Dies ist bereits die erste Gleichung, die wir zu Beginn unseres linearen Systems für die Steigungen hinzufügen müssen.

Ganz analog gehen wir bei $x_n = b$ vor! An der Stelle $x_n = b$ folgt $s''_{n-1}(b) = 2c_{3,n-1} = \ell_2$. Nun brauchen wir nur die Formel (3.13) für $c_{3,n-1}$: $c_{3,n-1} = \frac{3f_n - 3f_{n-1} - 2s_{n-1}(x_n - x_{n-1}) - s_n(x_n - x_{n-1})}{(x_n - x_{n-1})^2}$ hinzuschreiben und in $2c_{3,n-1} = \ell_2$ einzusetzen. Wiederum nach etwas Umstellerei erhält man daraus

$$2s_{n-1} + s_n = 3\frac{f_n - f_{n-1}}{x_n - x_{n-1}} - \ell_2(x_n - x_{n-1})$$

und diese Gleichung fügen wir am Ende unseres Systems für die Steigungen hinzu. Damit erhalten wir insgesamt:

$$\begin{pmatrix} 2 & 1 & & & \\ \Delta x_2 & 2(\Delta x_2 + \Delta x_1) & \Delta x_1 & & \\ & \Delta x_3 & 2(\Delta x_3 + \Delta x_2) & \Delta x_2 & \\ & & \ddots & \ddots & \ddots \\ & & \Delta x_{n-1} & 2(\Delta x_{n-1} + \Delta x_{n-2}) & \Delta x_{n-2} \\ & & & 2 & 1 \end{pmatrix} \times$$

$$\times \begin{pmatrix} s_1 \\ s_2 \\ \vdots \\ s_n \end{pmatrix} = \begin{pmatrix} 3\frac{f_2 - f_1}{x_2 - x_1} - \ell_1(x_2 - x_1) \\ 3\left(\frac{(f_3 - f_2)\Delta x_1}{\Delta x_2} + \frac{(f_2 - f_1)\Delta x_2}{\Delta x_1}\right) \\ 3\left(\frac{(f_4 - f_3)\Delta x_2}{\Delta x_3} + \frac{(f_3 - f_2)\Delta x_3}{\Delta x_2}\right) \\ \vdots \\ 3\left(\frac{(f_n - f_{n-1})\Delta x_{n-2}}{\Delta x_{n-1}} + \frac{(f_{n-1} - f_{n-2})\Delta x_{n-1}}{\Delta x_{n-2}}\right) \\ 3\frac{f_n - f_{n-1}}{x_n - x_{n-1}} - \ell_2(x_n - x_{n-1}) \end{pmatrix}$$

und dies ist endlich das gesuchte $n \times n$-System. Den Fall natürlicher Randbedingungen erhalten wir natürlich sofort durch $\mathfrak{k}_1 = \mathfrak{k}_2 = 0$.

Der vollständige Spline   Wenn wir aber schon mit Steigungen gearbeitet haben, dann kann es durchaus Sinn machen, an den Anfangs- und Endpunkten Steigungen vorzugeben:

$$\mathfrak{s}_1 = \sigma_1, \quad \mathfrak{s}_n = \sigma_n,$$

mit gewählten Werten σ_1 und σ_n. Damit lautet unser nun vollständiges lineares System für die Steigungen:

$$
\begin{pmatrix}
1 & & & & \\
\Delta x_2 & 2(\Delta x_2 + \Delta x_1) & \Delta x_1 & & \\
 & \Delta x_3 & 2(\Delta x_3 + \Delta x_2) & \Delta x_2 & \\
 & \ddots & \ddots & \ddots & \\
 & & \Delta x_{n-1} & 2(\Delta x_{n-1} + \Delta x_{n-2}) & \Delta x_{n-2} \\
 & & & & 1
\end{pmatrix} \times
$$

$$
\times
\begin{pmatrix}
\mathfrak{s}_1 \\
\mathfrak{s}_2 \\
\vdots \\
\mathfrak{s}_n
\end{pmatrix}
=
\begin{pmatrix}
\sigma_1 \\
3\left(\dfrac{(f_3 - f_2)\Delta x_1}{\Delta x_2} + \dfrac{(f_2 - f_1)\Delta x_2}{\Delta x_1} \right) \\
3\left(\dfrac{(f_4 - f_3)\Delta x_2}{\Delta x_3} + \dfrac{(f_3 - f_2)\Delta x_3}{\Delta x_2} \right) \\
\vdots \\
3\left(\dfrac{(f_n - f_{n-1})\Delta x_{n-2}}{\Delta x_{n-1}} + \dfrac{(f_{n-1} - f_{n-2})\Delta x_{n-1}}{\Delta x_{n-2}} \right) \\
\sigma_n
\end{pmatrix}
$$

Der so entstehende Spline wird der **vollständige Spline** genannt. Durch die Vorgabe von Randsteigungen erhält man eine gute Steuerungsmöglichkeit des Verhaltens des Splines an den Rändern.

Ein Beispiel   Zur Illustration wollen wir die nun schon bekannte Runge-Funktion heranziehen. Gegeben sind 5 Daten der Runge-Funktion $1/(1 + x^2)$, nämlich

i	1	2	3	4	5
x_i	-1	0	1	2	3
f_i	0.5	1	0.5	0.2	0.1

.

Verwendet man natürliche Randbedingungen, dann erhält man
das in Abbildung 3.11 dargestellte Ergebnis. Die natürlichen

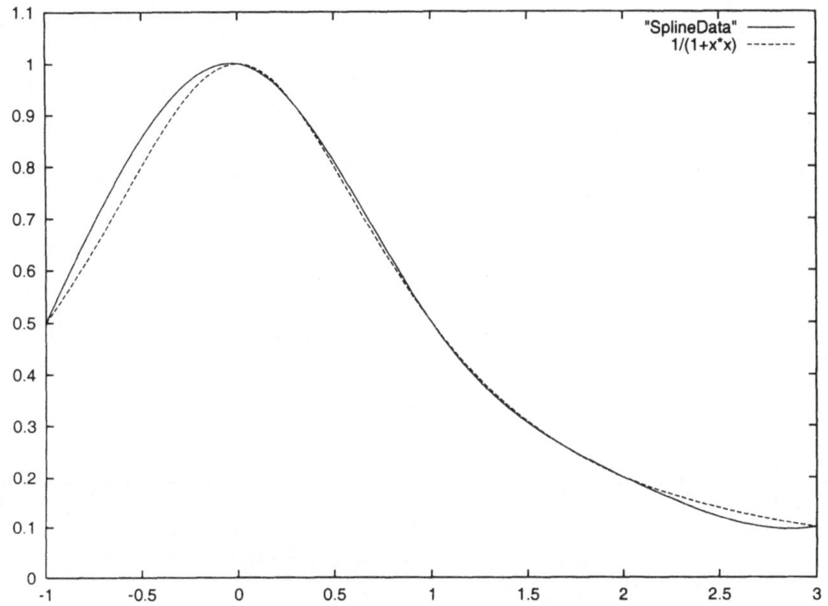

Bild 3.11: Kubischer Spline mit natürlichen Randbedingungen

Randbedingungen sorgen an den Rändern tatsächlich eher für
Ärger denn für Freude. Verwenden wir an Stelle der natürlichen
Randbedingungen den vollständigen Spline und verwenden die
Ableitungen

$$f'(-1) = 0.5, \quad f'(3) = -0.06,$$

die wir ja aus der Runge-Funktion exakt ermitteln können, dann
ergibt sich das Ergebnis aus Abbildung 3.12. Sehr schön ist zu
sehen, dass die Vorgabe der Steigungen an den Rändern zu einer deutlich verbesserten Interpolante führt! Die "natürlichen"
Randbedingungen sind eben doch nicht so natürlich!

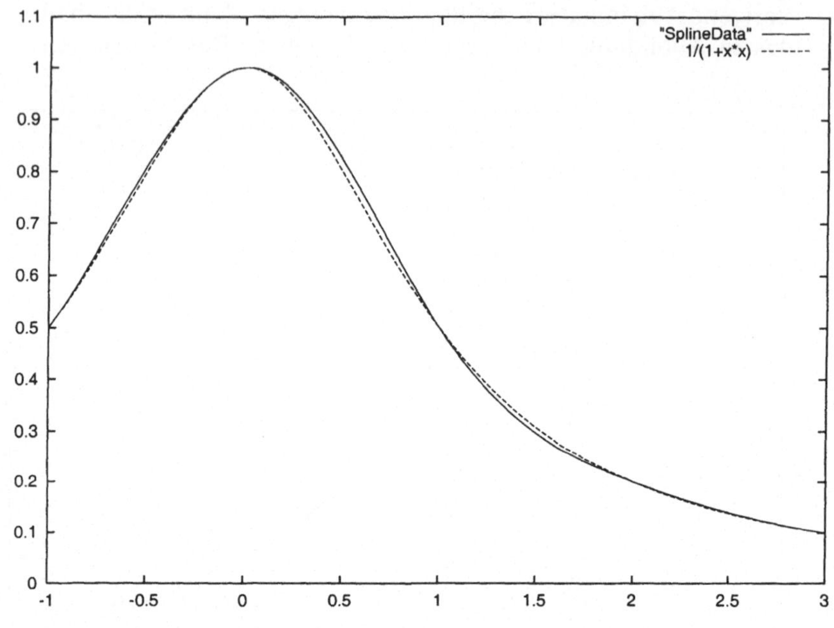

Bild 3.12: Vollständiger Spline

Die Minimaleigenschaft

Blicken wir zurück auf unser Motivationsbeispiel, dann haben wir nun tatsächlich ein mathematisches Modell der Straklatte gefunden: Der kubische Spline besteht auf jedem Teilintervall aus kubischen Polynomen, deren erste und zweite Ableitungen an den Knoten übereinstimmen. Die vierte Ableitung verschwindet und die für die Straklatte natürliche Randbedingung $f''(a) = f''(b) = 0$ lässt sich auch bei unserem Spline mühelos einbauen. Damit haben wir – fast – alle Bedingungen an eine Straklatte erfüllt. Es fehlt nur die Minimierungseigenschaft der Straklatte bezüglich der Biegeenergie $E = \tilde{c} \int_a^b (f''(x))^2 \, dx$. Finden wir auch diese (wunderbare!) Eigenschaft bei unseren kubischen Splines? Ja! Und das ist der eigentliche Grund, warum

Splines innerhalb der Mathematik eine außerordentlich wichtige Rolle spielen!

Da uns die Konstante $\tilde{c}$ in der Biegeenergie nicht interessiert, normieren wir sie auf 1. Nun ist aber

$$\int_a^b (f''(x))^2 \, dx$$

für zweimal stetig differenzierbare Funktionen eine **Norm**[5], d.h. eine Möglichkeit, die "Größe" einer Funktion zu messen. So wie es für reelle Zahlen den Betrag $|\cdot|$ zur "Größenmessung" gibt, so kann man auch Funktionen messen, nämlich genau durch Normen. Die durch die Biegeenergie

$$\|f\|_2 := \sqrt{\int_a^b (f''(x))^2 \, dx}$$

definierte Norm ist die Euklidische Norm von f. Die bekannte Euklidische Norm $\|x\|_2 = \sqrt{\sum_{i=1}^n x_i^2}$ für Vektoren $x \in \mathbf{R}^n$ ist die diskrete kleine Schwester dieser Norm.

Wir beweisen zu Beginn einen Satz über die Größe des Fehlers bei Spline-Interpolation, gemessen in der Euklidischen Norm.

Satz 3.2.3 (Satz von Holladay) *Für zweimal stetig differenzierbare Funktionen f auf einem Intervall* $[a, b]$ *und einen interpolierenden Spline S auf* $a = x_1 < x_2 < \cdots < x_n = b$ *gilt*

$$\|f - S\|_2^2 \;\; = \;\; \|f\|_2^2 - 2\left[(f'(x) - S'(x))S''(x)\big|_a^b\right] - \|S\|_2^2.$$

Bemerkung: Die Bezeichnung $(\cdots)\big|_a^b$ bedeutet wie üblich die Differenz $(\cdots)(b) - (\cdots)(a)$.

Beweis: **Holladayscher Satz:** Nach Definition der Euklidischen

---

[5]Sie finden häufig auch $\int_a^b |f''(x)|^2 \, dx$ um komplexwertige Funktionen mitbehandeln zu können. Uns genügt die Form ohne Betragsstriche.

Norm $\| \cdot \|_2$ gilt

$$
\begin{aligned}
\|f - S\|_2^2 \quad &= \quad \int_a^b (f''(x) - S''(x))^2 \, dx \\[2ex]
&= \quad \int_a^b (f''(x))^2 - 2f''(x)S''(x) + (S''(x))^2 \, dx \\[2ex]
&= \quad \underbrace{\int_a^b (f''(x))^2 \, dx}_{=\|f\|_2^2} - 2\int_a^b f''(x)S''(x) \, dx \\[2ex]
&\quad\ + \underbrace{\int_a^b (S''(x))^2 \, dx}_{=\|S\|_2^2} \\[2ex]
&\overset{\text{Add. der 0}}{=} \quad \|f\|_2^2 - 2\int_a^b f''(x)S''(x) \, dx + 2\int_a^b (S''(x))^2 \, dx \\[2ex]
&\quad\ - 2\underbrace{\int_a^b (S''(x))^2 \, dx}_{=\|S\|_2^2} + \|S\|_2^2 \\[2ex]
&= \quad \|f\|_2^2 - 2\int_a^b (f''(x) - S''(x))S''(x) \, dx - \|S\|_2^2.
\end{aligned}
$$

Nun schauen wir uns das Integral $\int_a^b (f''(x) - S''(x))S''(x) \, dx = \sum_{i=2}^{n} \int_{x_{i-1}}^{x_i} (f''(x) - S''(x))S''(x) \, dx$ näher an und bearbeiten es mit partieller Integration:

$$
\int_{x_{i-1}}^{x_i} (f''(x) - S''(x))S''(x) \, dx = (f'(x) - S'(x))S''(x)\big|_{x_{i+1}}^{x_i}
$$
$$
- \int_{x_{i-1}}^{x_i} (f'(x) - S'(x))S'''(x) \, dx.
$$

Nochmalige partielle Integration des verbleibenden Integrals auf der rechten Seite liefert

$$\int_{x_{i-1}}^{x_i} (f''(x) - S''(x))S''(x)\, dx = (f'(x) - S'(x))S''(x)\big|_{x_{i+1}}^{x_i}$$

$$- (f(x) - S(x))S'''(x)\big|_{x_{i+1}^+}^{x_i^-}$$

$$+ \int_{x_{i-1}}^{x_i} (f(x) - S(x))S^{(iv)}(x)\, dx.$$

Wie wir wissen, sind die dritten Ableitungen eines kubischen Splines an den Stützstellen im allgemeinen unstetig. Daher bedeutet die Bezeichnung $(\cdots)\big|_{x_{i-1}^+}^{x_i^-}$, dass in der Differenz die rechts- bzw. linksseitigen Grenzwerte zu nehmen sind. Da wir einen interpolierenden Spline betrachten ist natürlich wegen der Übereinstimmung von f und S an den Stützstellen der Term $(f(x) - S(x))S'''(x)\big|_{x_{i+1}^+}^{x_i^-} = 0$.

Nun sind die vierten Ableitungen $S^{(iv)}$ des Splines Null und f', S', S'' sind stetig an den Stützstellen. Damit folgt nach Summation

$$\sum_{i=2}^{n} (f'(x) - S'(x))S''(x)\big|_{x_{i+1}}^{x_i} = (f'(x) - S'(x))S''(x)\big|_a^b$$

und der Satz ist bewiesen.   ■

Der Satz von Holladay ist für sich ein sehr wichtiges Resultat, weil er die Berechnung des Interpolationsfehlers ermöglicht. Kein Wunder, dass dieser Satz auch zentral für die **Minimum-Norm-Eigenschaft** ist.

Satz 3.2.4 (Minimum-Norm-Eigenschaft) *Die Voraussetzungen seien wie im Satz von Holladay. Zusätzlich seien entweder natürliche Randbedingungen für den Spline gegeben oder aber die Vorgabe der Ableitungen an den Rändern (vollständiger Spline). Dann gilt*

$$\|f - S\|_2^2 = \|f\|_2^2 - \|S\|_2^2 \geq 0.$$

Mit anderen Worten: Der kubische Spline ist diejenige zweimal stetig differenzierbare Funktion auf [a, b] *mit kleinster Norm:*

$$\|S\|_2^2 \leq \|f\|_2^2.$$

Beweis: Im Fall natürlicher Randbedingungen oder im Fall des vollständigen Splines verschwindet im Satz von Holladay der Term $(f'(x) - S'(x))S''(x)|_a^b$. Das war's! ∎

Abschliessende Bemerkung

Die Minimum-Norm-Eigenschaft des kubischen Splines ist so wichtig, dass wir in der Mathematik eine Funktion immer dann *Spline* nennen, wenn diese Funktion eine Norm in einem Funktionenraum minimiert. Auf **R** sind das wirklich die stückweisen Polynomfunktionen, auf $\mathbf{R}^n$ mit $n > 1$ aber nicht mehr! Dort erweisen sich gewisse *radiale* Funktionen, also solche, die nur von $r := \|x\|_2$ abhängen, als Splines. Die in vielen mehrdimensionalen numerischen Methoden (wie etwa in der Finite Element Methode (FEM)) benutzten stückweise polynomialen Funktionen sind also keine Splines in unserem Sinne.

3.3   Exkurs: Nullstellensuche

Wir beschäftigen uns im folgenden mit einer Funktion $f : [a, b] \rightarrow$ **R**, die im Intervall $]a, b[$ genau eine Nullstelle haben möge. Ist f mindestens stetig, dann sagt uns der Zwischenwertsatz ([26], Satz 4.8.2, S. 99), dass im Fall $f(a) < 0 < f(b)$ (aber auch im Fall $f(a) > 0 > f(b)$) stets eine Nullstelle in $]a, b[$ garantiert ist. Die Klasse von Methoden, die wir im folgenden vorstellen wollen, gibt nur einen kleinen Einblick in die algorithmischen Möglichkeiten bei der Nullstellensuche. Insbesondere das Gebiet der numerischen Lösung von nichtlinearen Gleichungs*systemen* ist nach wie vor sehr aktiv.

3.3.1 Einige wichtige Algorithmen

Generalannahme für diesen Abschnitt: Für die stetige Funktion
$f : [a, b] \rightarrow \mathbf{R}$ gelte $f(a)f(b) < 0$, wobei es nur genau eine Nullstelle in $]a, b[$ gäbe.

Eine ausgefuchste Variante des Bisektionsverfahren ist die **Regula Falsorum** [6]. Die Regula Falsorum verwendet den Schnittpunkt

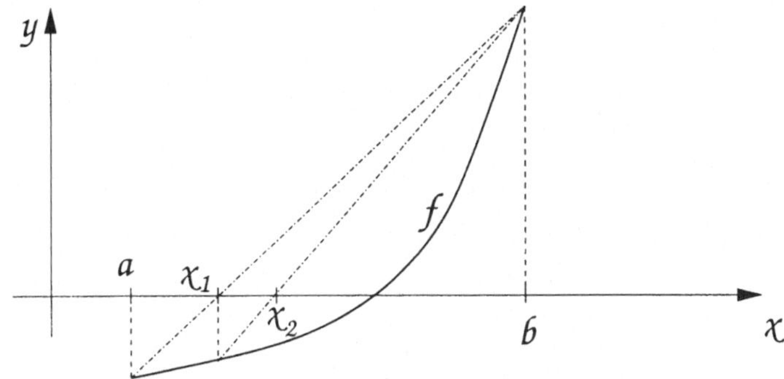

Bild 3.13: Die Regula Falsorum

der Geraden durch die Punkte $(a, f(a))$ und $(b, f(b))$ mit der x-Achse als erste Näherung an die Nullstelle. So entsteht ein neuer Punkt $(x_1, f(x_1))$. Liegt die Nullstelle im Intervall $]a, x_1[$, dann wird der Schnittpunkt der Geraden durch $(a, f(a))$ und $(x_1, f(x_1))$ mit der x-Achse die verbesserte Näherung x_2. Ist aber die Nullstelle in $]x_1, b[$, dann wird der entsprechende Schnittpunkt der Geraden durch $(x_1, f(x_1))$ und $(b, f(b))$ verwendet, usw.

Die Zweipunkteform einer Geraden durch die Punkte $(a, f(a))$ und $(b, f(b))$ ist gegeben durch

$$\frac{y - f(a)}{f(b) - f(a)} = \frac{x - a}{b - a},$$

[6]D.h. *Regel der Falschen*. Damit gemeint ist die Konstruktion einer Näherung an die Nullstelle aus *zwei falschen Werten*. In den meisten Büchern heißt die Regula Falsorum auch *Regula Falsi*, d.h. Regel *des* Falschen. Es sind aber tatsächlich *zwei* falsche Werte beteiligt!

was für $y = 0$ (Schnittpunkt mit der x-Achse) auf die Gleichung

$$x = a - f(a)\frac{b-a}{f(b)-f(a)} = \frac{f(b)a - f(a)b}{f(b)-f(a)}$$

für den Schnittpunkt führt. Damit können wir den Algorithmus der Regula Falsorum bereits formulieren.

Regula Falsorum:

```
do
{
    x := (f(b)a − f(a)b) / (f(b) − f(a));
    if(f(a) ··· f(x) ≤ 0)
        b := x;
    else
        a := x;
}while (Abbruchkriterium nicht erfüllt)
```

Ein brauchbares Abbruchkriterium ist der Abstand zweier aufeinanderfolgender Näherungen an die Nullstelle. Gibt man eine kleine positive Zahl ε vor, dann wird die Nullstellensuche abgebrochen, wenn $|x_n - x_{n-1}| < \varepsilon$ gilt.

Übungsaufgabe: Implementieren Sie die Regula Falsorum in einem Java-Programm `Regula.java`. Wählen Sie als Funktion den Logarithmus `Math.log()` und suchen Sie die Nullstelle zwischen $a = 0.5$ und $b = 10$ mit einem ε von EPS $= 10^{-9}$.

Als Ausgabe sollten Sie den Konvergenzverlauf wie in Abbildung 3.14 erhalten. Bereits in der 18.ten Iteration wird die Nullstelle mit der vorgegebenen Genauigkeit gefunden.

Das sieht ja sehr gut aus! Die Logarithmusfunktion ist aber in der Nähe der Nullstelle wirklich sehr gutmütig und die Verhältnisse ändern sich, wenn wir zu der Funktion $y = f(x) = x^3$ übergehen. Diese Funktion läuft sehr flach (horizontale Tangente) in die Nullstelle ein. Suchen wir die Nullstelle im Intervall $[-1, 2]$

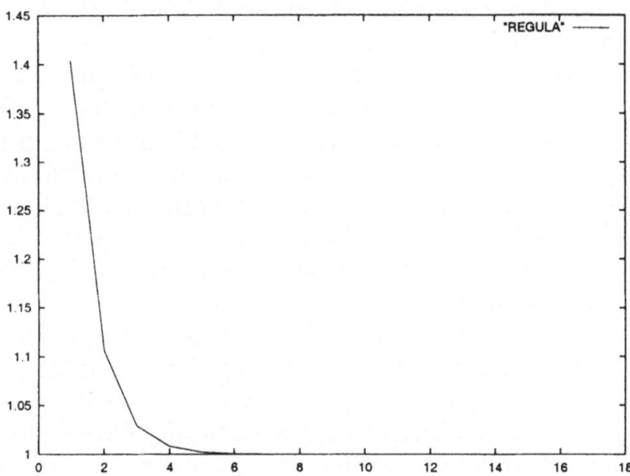

Bild 3.14: Konvergenzverlauf der Regula Falsorum bei der Nullstellensuche von $y = \log(x)$ auf dem Intervall $[0.5, 10]$

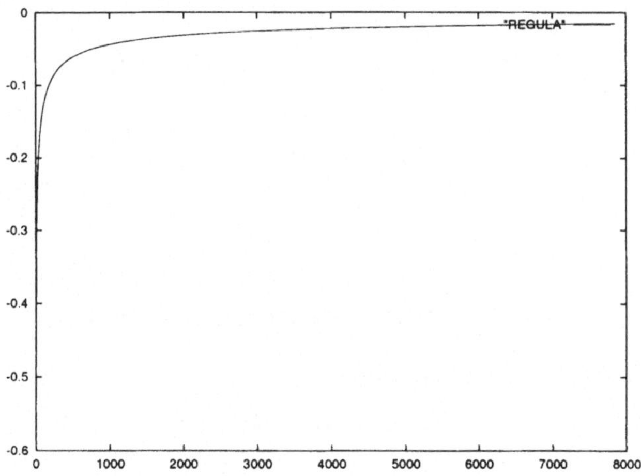

Bild 3.15: Konvergenzverlauf der Regula Falsorum bei der Nullstellensuche von $y = x^3$ auf dem Intervall $[-1, 2]$

und senken die Genauigkeit EPS auf 10^{-6}, dann erhalten wir den Konvergenzverlauf wie in Abbildung 3.15.

Knapp 8000 Iterationen braucht unsere arme Regula Falsorum, um die Nullstelle bis auf die gewünschte Genauigkeit zu finden! Dabei zeigt uns die Abbildung, dass die Geschwindigkeit der Konvergenz immer kleiner wird, je näher wir der Nullstelle kommen! Versuchen Sie in Ihren Experimenten einmal EPS= 10^{-9}. Sie werden nach mehreren Minuten entnervt aufgeben, denn die Regula Falsorum kommt nicht weiter! Wir brauchen daher noch weitere Algorithmen.

Da in der Regula Falsorum sich die Steigungen der Sekanten von Schritt zu Schritt nur wenig ändern, liegt eine Variante nahe, in der sich diese Steigungen schneller ändern. Diese Idee führt auf die sogenannte **modifizierte Regula Falsorum**, die wir gleich als Algorithmus formulieren wollen. Die geometrischen Verhältnisse zeigt die Abbildung 3.16.

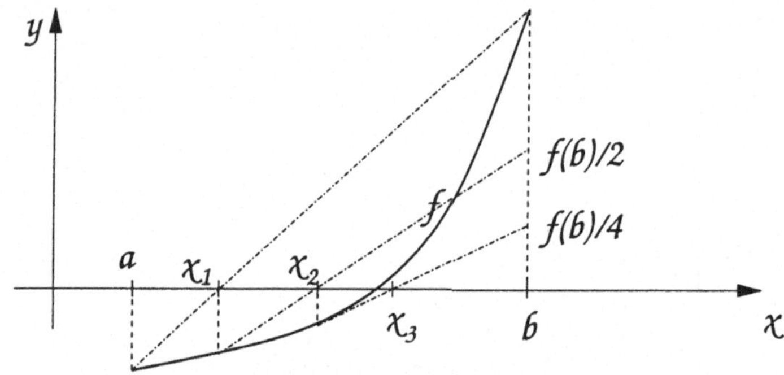

Bild 3.16: Modifizierte Regula Falsorum

Modifizierte Regula Falsorum:

$$F := f(a), G := f(b), x := a;$$

$$\mathbf{do}$$

$$\{$$

$$\tilde{x} := \frac{Ga - Fb}{G - F};$$

$$\mathbf{if}(f(a)\cdots f(\tilde{x}) \leq 0)$$

$$\{$$

$$b := \tilde{x},\, G := f(\tilde{x});$$

$$\mathbf{if}(f(x)\cdot f(\tilde{x}) > 0: \quad F := \frac{F}{2};$$

$$x := \tilde{x};$$

$$\}$$

$$\mathbf{else}$$

$$\{$$

$$a := \tilde{x},\, F := f(\tilde{x});$$

$$\mathbf{if}(f(x)\cdot f(\tilde{x}) > 0: \quad G := \frac{G}{2};$$

$$x := \tilde{x};$$

$$\}$$

$$\}\mathbf{while}\ (\text{Abbruchkriterium nicht erfüllt})$$

Übungsaufgabe: Machen Sie sich die Funktionsweise der modifizierten Regula Falsorum klar. Fertigen Sie eine verbale Beschreibung dieser Methode an, so dass einer Ihrer Schüler den Algorithmus daraus unmissverständlich verstehen kann. Schreiben Sie ein Java-Programm, um die modifierte Regula Falsorum zu implementieren.

Abbildung 3.17 zeigt den Konvergenzverlauf der modifizierten Regula Falsorum bei der Nullstellensuche für die Funktion x^3 mit denselben Parametern wie bei der gewöhnlichen Regula Falsorum. Bitte beachten Sie, wie schnell dieses Verfahren die Nullstelle bis zur geforderten Genauigkeit ermittelt!

Mit dem **Sekantenverfahren** verlassen wir die sicheren Gefilde der garantierten Konvergenz und betreten das Gebiet der heute in der Praxis verbreiteten Newton-Verfahren. In gewisser Weise ist das Sekantenverfahren die diskrete kleine Schwester des Newton-Verfahrens, das wir anschließend beschreiben wollen.

Im Sekantenverfahren wird jeweils der Schnittpunkt der Sekanten zwischen zwei vorher berechneten Punktpaaren

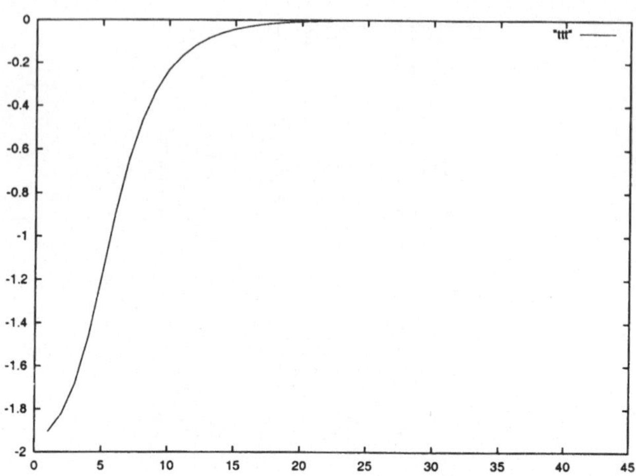

Bild 3.17: Konvergenzverlauf der modifizierten Regula Falsorum bei der Nullstellensuche von $y = x^3$ auf dem Intervall $[-1, 2]$

$(x_{i-1}, f(x_{i-1})), (x_i, f(x_i))$ berechnet und als x_{i+1} verwendet. Wie Abbildung 3.18 zeigt, ist die Startsequenz dieselbe wie bei der Regula Falsorum, beim dritten Schritt tritt jedoch eine dramatische Änderung ein.

Sekantenverfahren:

$$x_{-1} := a; x_0 := b;$$

$$n := 0;$$

do

$$\{$$

$$x_{n+1} := \frac{f(x_n)x_{n-1} - f(x_{n-1})x_n}{f(x_n) - f(x_{n-1})};$$

$$n := n + 1;$$

$\}$**while** (Abbruchkriterium nicht erfüllt)

Beim Sekantenverfahren lässt sich Konvergenz nur noch in der Nähe der Nullstelle erwarten. Insbesondere bricht das Sekan-

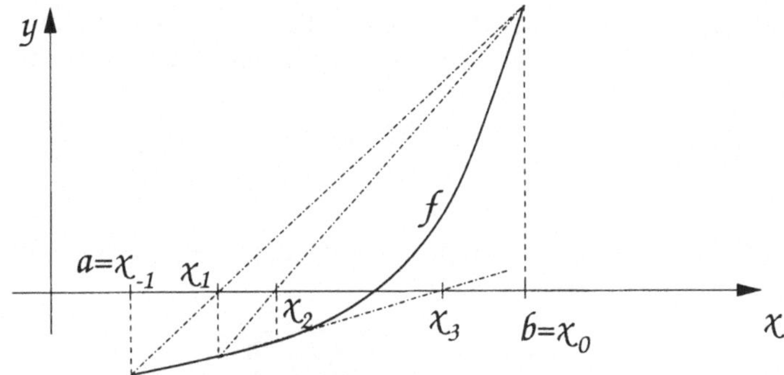

Bild 3.18: Sekantenverfahren

tenverfahren zusammen, wenn $f(x_n) = f(x_{n-1})$ gilt. Schreibt man das Verfahren um auf die Form

$$
\begin{aligned}
x_{n+1} &= \frac{f(x_n)x_{n-1} - f(x_{n-1})x_n}{f(x_n) - f(x_{n-1})} \\[2mm]
&= \frac{x_n f(x_n) - x_n f(x_{n-1}) - x_n f(x_n) + x_{n+1}f(x_n)}{f(x_n) - f(x_{n-1})} \\[2mm]
&= x_n - \underbrace{f(x_n)}_{f[x_n]}\underbrace{\frac{x_n - x_{n-1}}{f(x_n) - f(x_{n-1})}}_{\frac{1}{f[x_n,x_{n-1}]}} = x_n - \frac{f[x_n]}{f[x_n, x_{n-1}]}
\end{aligned}
$$

und erinnern wir uns an den Zusammenhang der dividierten Differenzen mit den Ableitungen, dann wird uns gleich bei der Betrachtung des Newton-Verfahrens ein Licht aufgehen!

Das Sekantenverfahren verhält sich bei unserer x^3-Funktion übrigens ebenso spritzig wie die modifizierte Regula Falsorum! Das **Newton-Verfahren** verlangt die Wahl eines Startwertes x_0. An der Stelle x_0 wird die Funktion f durch ihre Tangente linearisiert und der Schnittpunkt der Tangenten mit der x-Achse ist die neue Näherung x_1, usw. Es ist unmittelbar klar, dass die Konvergenz beim Newton-Verfahren nicht mehr garantiert werden kann. So spielt unter anderem die Entfernung von x_0 zur

Nullstelle eine entscheidende Rolle. Besondere mathematische Sätze (z.B. der Satz von Kantorowitsch) sind heranzuziehen, um diese Subtilitäten des Newton-Verfahrens zu klären.
Die Tangente an f im Punkt x_i ist gegeben durch

$$y = f'(x_i)(x - x_i) + f(x_i),$$

womit sich für den Schnittpunkt der Tangente mit der x-Achse ($y = 0$) die Beziehung

$$x_{i+1} = x_i - \frac{f(x_i)}{f'(x_i)}$$

ergibt. Das ist nun bereits das Newton-Verfahren.
Newton-Verfahren:

```
x := x₀;
n := 0;
do
{
    x := x - f(x)/f'(x);
    n := n + 1;
}while (Abbruchkriterium nicht erfüllt)
```

Übungsaufgabe: Schreiben Sie ein Java-Programm, das das Newton-Verfahren realisiert. Untersuchen Sie numerisch die Konvergenz bei der Nullstellensuche der Funktionen $\log x$ und x^3. Welche Unterschiede in der Konvergenzgeschwindigkeit stellen Sie fest? Woran könnte das liegen?

Mit dem Newton-Verfahren haben wir gerade erst den Boden der praktisch relevanten Verfahren betreten. Von hier aus haben sich zahllose Varianten, Konvergenzhilfen, etc. entwickelt und es gibt eine unübersehbare Vielfalt von Resultaten in der einschlägigen Literatur. Damit Sie ein wenig vom mathematischen Duft der Theorie der Iterationsverfahren mitbekommen, möchte ich Ihnen zwei typische Resultate vorstellen und beweisen.

3.3.2 Theorie der Iterationsverfahren

Wir suchen eine Nullstelle ξ der Funktion f, oder, mit anderen Worten, eine *Wurzel* ξ der Gleichung $f(x) = 0$. Um nicht jeden Algorithmus für sich in einer Spezialbetrachtung behandeln zu müssen, versuchen wir, eine ganze Klasse von Iterationsverfahren zu erfassen. Dazu sei ψ eine in einer Umgebung von ξ von Null verschiedene, glatte und polfreie Funktion. Damit definieren wir die **Verfahrensfunktion** eines Iterationsverfahrens als

$$\Phi(x) := x - \psi(x)f(x).$$

Im Fall des Sekantenverfahrens ist $\psi(x_i) := \frac{1}{f[x_i, x_{i-1}]}$, im Fall des Newton-Verfahrens $\psi(x) := \frac{1}{f'(x)}$.
Jede Wurzel ξ von $f(x) = 0$ führt dann auf die Gleichung

$$\boxed{\xi = \Phi(\xi)}$$

Diese Gleichung ist der Schlüssel zur Theorie der Iterationsverfahren! Man nennt diese Gleichung **Fixpunktgleichung** und ξ einen **Fixpunkt**. Geometrisch kann man eine Fixpunktgleichung deuten als die Berechnung eines Schnittpunktes zwischen der Funktion $y = x$ und der Funktion $y = \Phi(x)$, siehe Abbildung 3.19. Ein Iterationsverfahren ist nun nichts weiteres als die Realisierung einer Fixpunktgleichung in der Form

$$x_{i+1} = \Phi(x_i),$$

wobei i den Iterationsindex bezeichnet. Um die Konvergenzgeschwindigkeit mathematisch erfassen zu können, definieren wir: Ist $U(\xi)$ eine offene Umgebung von ξ und gilt für alle Startwerte $x_0 \in U(\xi)$ und die zugehörige Folge der durch $x_{i+1} = \Phi(x_i), i = 0, 1, 2, \ldots$ definierten x_i eine Ungleichung der Form

$$\|x_{i+1} - \xi\| \leq C\|x_i - \xi\|^p$$

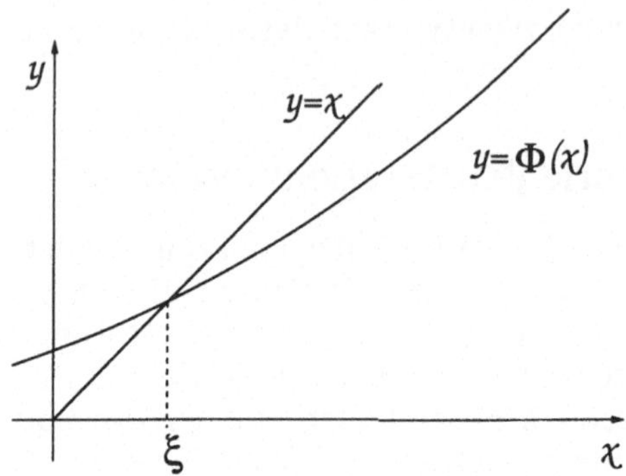

Bild 3.19: Geometrische Deutung der Fixpunktgleichung

für alle $i \geq 0$ und $C < 1$ im Fall $p = 1$, dann heißt das durch die Verfahrensfunktion Φ erzeugte Iterationsverfahren **von mindestens p-ter Ordnung**.
Damit kommen wir zu unserem ersten mathematischen Resultat.

Satz 3.3.1 *Die Abbildung* $\Phi : \mathbf{R} \to \mathbf{R}$ *besitze einen Fixpunkt* ξ.
Sei $S_r(\xi) := \{x \mid \|x - \xi\| < r\}$ *eine Umgebung von* ξ, *so dass*

$$\forall x, y \in S_r(\xi): \quad \|\Phi(x) - \Phi(y)\| \leq K\|x - y\|, \quad K < 1$$

gilt[7]. *Dann besitzt die durch* $x_{i+1} = \Phi(x_i), i = 0, 1, 2, \dots$ *definierte Folge* (x_i) *für alle Startwerte* $x_0 \in S_r(\xi)$ *die Eigenschaften*

(i) $x_i \in S_r(\xi)$ *für alle* $i > 0$

(ii) $\|x_i - \xi\| \leq K^i\|x_0 - \xi\|$,

d.h. (x_i) *konvergiert mindestens linear gegen* ξ.

Beweis: Wir verwenden Induktion über den Iterationsindex. Für $i = 0$ ist alles richtig. Nun sei die Aussage des Satzes richtig für

---

[7]Erinnern Sie sich? Solche Abbildungen nennt man **Kontraktionen**.

$i = 0, 1, \ldots, j$, dann folgt

$$
\begin{aligned}
\|x_{j+1} - \xi\| &= \|\Phi(x_j) - \Phi(\xi)\| \leq K\|x_j - \xi\| = K\|\Phi(x_{j-1}) - \Phi(\xi)\| \\
&\leq K^2\|x_{j-1} - \xi\| \leq \cdots \\
&\leq K^{j+1}\|x_0 - \xi\| < r
\end{aligned}
$$

und mehr ist gar nicht zu zeigen. $\blacksquare$

Das zweite Resultat in dieser Richtung ist weit ansruchsvoller. Dafür liefert es die Existenz eines Fixpunktes sowie eine Fehlerabschätzung und Sie lernen aus dem Beweis einige wichtige Techniken, die in der Theorie der Iterationsverfahren eine Rolle spielen.

Satz 3.3.2 *Sei $\Phi : \mathbf{R} \to \mathbf{R}$ eine Verfahrensfunktion, $x_0 \in \mathbf{R}$ ein Startwert und $x_{i+1} := \Phi(x_i), i = 0, 1, 2, \ldots$. Ferner gäbe es eine Umgebung $S_r(x_0) := \{x \mid \|x - x_0\| < r\}$ von x_0 und eine Konstante $0 < K < 1$, so dass*

(a) *$\|\Phi(x) - \Phi(y)\| \leq K\|x - y\|$ für alle $x, y \in \overline{S_r(x_0)} := \{x \mid \|x - x_0\| \leq r\}$,*

(b) *$\|x_1 - x_0\| = \|\Phi(x_0) - x_0\| \leq (1 - K)r < r$*

gilt. Dann folgt

(i) *$x_i \in S_r(x_0)$ für alle $i > 0$,*

(ii) *Φ besitzt in $\overline{S_r(x_0)}$ genau einen Fixpunkt ξ und es gilt*

$$
\begin{aligned}
\lim_{i \to \infty} x_i &= \xi \\
\|x_{i+1} - \xi\| &\leq K\|x_i - \xi\|,
\end{aligned}
$$

sowie die Fehlerabschätzung

$$
\|x_i - \xi\| \leq \frac{K^i}{1 - K}\|x_1 - x_0\|.
$$

Beweis:

(i) Wegen *(b)* ist $x_1 \in S_r(x_0)$. Für $i \geq 1$ gelte $x_j \in S_r(x_0)$ für $j = 0, 1, \ldots, i$. Dann folgt aus *(a)*:

$$\begin{aligned} \|x_{i+1} - x_i\| &= \|\Phi(x_i) - \Phi(x_{i-1})\| \leq K\|x_i - x_{i-1}\| \\ &\leq \cdots \leq K^i\|x_1 - x_0\|. \end{aligned} \tag{3.14}$$

Aus der Dreiecksungleichung und *(b)* ergibt sich

$$\begin{aligned} \|x_{i+1} - x_i\| &\leq \|x_{i+1} - x_i\| + \|x_i - x_{i-1}\| + \cdots + \|x_1 - x_0\| \\ &\leq \left(K^i + K^{i-1} + \cdots + 1\right)\|x_1 - x_0\| \\ &\leq \left(1 + K + \cdots + K^i\right)(1 - K)r = (1 - K^{i+1})r < r. \end{aligned}$$

Damit ist *(i)* bewiesen.

(ii) Aus (3.14) und *(b)* folgt für $m > \ell$:

$$\begin{aligned} \|x_m - x_\ell\| &\leq \|x_m - x_{m-1}\| + \|x_{m-1} - x_{m-2}\| + \ldots \\ &\quad + \|x_{\ell+1} - x_\ell\| \\ &\leq K^\ell(1 + K + \cdots + K^{m-\ell-1})\|x_1 - x_0\| \\ &= K^\ell \frac{1 - K^{m-\ell}}{1 - K}\|x_1 - x_0\| < \frac{K^\ell}{1 - K}\|x_1 - x_0\| \\ &< K^\ell r. \end{aligned}$$

Wegen $0 < K < 1$ wird $K^\ell r < \varepsilon$ für hinreichend großes $\ell \geq N(\varepsilon)$ und damit ist (x_i) eine Cauchy-Folge. Da $\mathbf{R}$ vollständig ist existiert somit der Grenzwert

$$\xi := \lim_{i \to \infty} x_i.$$

Wegen $x_i \in S_r(x_0)$ muss $\xi \in \overline{S_r(x_0)}$ gelten. Weiterhin folgt aus

$$\begin{aligned} \|\Phi(\xi) - \xi\| &\leq \|\Phi(\xi) - \Phi(x_i)\| + \|\Phi(x_i) - \xi\| \\ &\leq K\|\xi - x_i\| + \|x_{i+1} - \xi\| \end{aligned}$$

und $\lim_{i\to\infty} \|x_i - \xi\| = 0$ gerade $\|\Phi(\xi) - \xi\| = 0$, d.h. $\Phi(\xi) = \xi$ und damit ist ξ ein Fixpunkt.

Nun sei $\overline{\xi} \in \overline{S_r(x_0)}$ ein weiterer Fixpunkt von Φ. Dann wäre $\|\xi - \overline{\xi}\| = \|\Phi(\xi) - \Phi(\overline{\xi})\| \leq K\|\xi - \overline{\xi}\|$ und wegen $0 < K < 1$ folgern wir $\|\xi - \overline{\xi}\| = 0$, also $\overline{\xi} = \xi$.

Schließlich folgt wegen (3.14)

$$\|\xi - x_\ell\| = \lim_{m\to\infty} \|x_m - x_\ell\| \leq \frac{K^\ell}{1-K}\|x_1 - x_0\|$$

und damit

$$\|x_{i+1} - \xi\| = \|\Phi(x_i) - \Phi(\xi)\| \leq K\|x_\ell - \xi\|.$$

4 Wie sendet Asterix Geheimbotschaften an Teefax?

Wie wir alle wissen, ist die Erorberung Britanniens durch Gaius Julius Caesar daran gescheitert, dass im letzten noch Widerstand leistenden Dorf unter dem Chef **Sebigboss** der Brite **Teefax** lebte, der unsere beiden Freunde Asterix und Obelix alarmieren konnte. In dem klassischen Geschichtsbuch *Asterix bei den Briten* können wir die heldenhafte Rettung Britanniens und die Einführung des Tees als Nationalgetränk nachlesen.

Allerdings verschweigt dieses fundamentale historische Werk, wie man sich in einer von römischen Spionen durchsetzten Umgebung schriftliche Nachrichten zukommen lassen konnte, ohne das der Feind den Inhalt verstehen konnte. Wir wollen hier eine sehr einfache Methode vorstellen.

Zuerst einmal müssen wir uns auf ein **Alphabet** Λ von endlich vielen Zeichen einigen. Hier werden wir unsere Buchstaben und ein paar Satzzeichen verwenden. Dann formuliert Asterix im Alphabet Λ einen **unverschlüsselten Satz** S_u, den er Teefax zukommen lassen möchte. Die Menge der möglichen Sätze, die man mit einem Alphabet darstellen kann, sei mit $S(\Lambda)$ bezeichnet. Zur **Verschlüsselung** benötigt er eine **Verschlüsselungsabbildung** $V_\Lambda : \Lambda \to \Lambda$, die jedem Buchstaben aus Λ genau einen anderen Buchstaben zuordnet. Die Verschlüsselungsabbildung induziert eine Abbildung $V : S(\Lambda) \to S(\Lambda)$, die aus einem unverschlüsselten Satz einen **verschlüsselten Satz** $S_v \in S(\Lambda)$ macht. Dieser verschlüsselte Satz geht dann an Teefax. Wir wollen uns diese Zusammenhänge an einem einfachen Beispiel klarmachen.

4.1 Ein Verschlüsselungsmodell

Wir wollen Geheimbotschaften durch *Verschlüsselung* erzeugen, in dem wir einen Buchstaben durch einen anderen ersetzen. Dazu beginnen wir mit einer Numerierung des Alphabets.

Λ	A	B	C	D	E	F	G	H	I	J	K	L	M
Λ^*	0	1	2	3	4	5	6	7	8	9	10	11	12

Λ	N	O	P	Q	R	S	T	U	V	W	X
Λ^*	13	14	15	16	17	18	19	20	21	22	23

Λ	Y	Z	,	.	$\sqcup$	?
Λ^*	24	25	26	27	28	29

wobei $\sqcup$ für das Leerzeichen steht.

Damit haben wir eine Abbildung $\psi : \begin{cases} \Lambda & \to & \Lambda^* \\ \Xi & \mapsto & \psi(\Xi) \end{cases}$ des Alphabets $\Lambda := \{A, B, C, \dots, X, Y, Z, ,, ., \sqcup, ?\}$ in das Alphabet $\Lambda^* := \{0, 1, 2, 3, \dots, 29\}$ etabliert. Diese Abbildung ist ein **Isomorphismus**, d.h. ψ ist **linear** und **bijektiv**. Alle Elemente des Alphabets Λ^* tauchen als Bilder von ψ auf und es gilt $\Xi_1 \neq \Xi_2 \Rightarrow \psi(\Xi_1) \neq \psi(\Xi_2)$. Mit anderen Worten: Es ist völlig egal, ob wir mit dem Alphabet Λ umgehen, oder mit dem Zahlenalphabet Λ^*. Da wir Mathematiker sind, fällt uns der Umgang mit Zahlen leichter und daher werden wir zur Verschlüsselung das Alphabet Λ^* manipulieren! Außerdem existiert für eine bijektive Funktion die **Umkehrfunktion** $\psi^{-1} : \Lambda^* \to \Lambda$, die zu einer Zahl wieder den zugehörigen Buchstaben ausgibt.

Bildet man aus dem Alphabet Sätze, dann wollen wir die Abbildung, die den Satz buchstabenweise in seine Numerierung verwandelt, mit

$$\Psi : S(\Lambda) \to Z(\Lambda^*)$$

bezeichnen. Dabei ist $Z(\Lambda^*)$ die Menge der endlichen Folgen von Zahlen aus Λ^*. Natürlich existiert wegen der Eigenschaften von ψ auch die Inverse Ψ^{-1}.

Vielleicht haben Sie den Film *2001: Odyssee im Weltall* von Stanley Kubrick gesehen. Wenn nicht: Unbedingt nachholen!! In diesem Film spielt ein riesiger Computer mit Namen HAL eine tragende Rolle. Einige Leute haben schnell herausbekommen, dass 'HAL' gerade 'IBM' ist, wenn man jeweils einen Buchstaben nach rechts rückt! Kubrick hat hier also eine einfache **Verschlüsselungsfunktion** angewendet. Wir wollen die Verschlüsselungsfunktion

$$f : \begin{cases} \Lambda^* & \to & \Lambda^* \\ \xi & \mapsto & f(\xi) := \xi - 1 \end{cases}$$

betrachten, die einen Buchstaben im Alphabet nach links guckt. Der Buchstabe $I \in \Lambda$ hat die Nummer $\psi(I) = 8$ in Λ^*. Die Verschlüsselungsfunktion macht daraus

$$f(8) = 7$$

und die Umkehrfunktion ψ^{-1} liefert

$$\psi^{-1}(7) = H.$$

Wird eine ganze Folge aus $Z(\Lambda^*)$ ziffernweise mit f verschlüsselt, dann wollen wir diese Abbildung mit

$$F : Z(\Lambda^*) \to Z(\Lambda^*)$$

bezeichnen.

Ein etwas komplizierteres Beispiel ist jetzt leicht nachvollziehbar:

DIE SPINNEN, DIE ROEMER.

$\downarrow \Psi$

3 8 4 28 18 15 8 13 13 4 13 26 28 3 8 4 28 17 14 4 12 4 17 27

$\downarrow F$

2 7 3 27 17 14 7 12 12 3 12 25 27 2 7 3 27 16 13 3 11 3 16 26

$\downarrow \psi^{-1}$

CHD.ROHMMDMZ.CHD.QNDLDQ,

Der Chiffrierer benutzt also das Diagramm

$$\begin{array}{ccc} S_u \in S(\Lambda) & \xrightarrow{\;\nu\;} & S_v \in S(\Lambda) \\ \Psi\downarrow & & \uparrow\Psi^{-1} \end{array}\quad,$$

$$Z_u \in Z(\Lambda^*) \xrightarrow[\;F\;]{} Z_v \in Z(\Lambda^*)$$

aus dem man

$$\boxed{\nu = \Psi^{-1} \circ F \circ \Psi}$$

ablesen kann. Die Verschlüsselung eines Satzes muss also erst den unverschlüsselten Satz numerieren, dann auf die Folge der Numerierung die Verschlüsselung anwenden, und dann die verschlüsselte Zahlenfolge wieder mit Hilfe der inversen Numerierung in einen verschlüsselten Satz verwandeln.

Der Dechiffrierer muss nun die (bijektive!) Funktion F (bzw. f) kennen, und wendet das Diagramm

$$\begin{array}{ccc} S_v \in S(\Lambda) & \xrightarrow{\;\nu^{-1}\;} & S_u \in S(\Lambda) \\ \Psi\downarrow & & \uparrow\Psi^{-1} \\ Z_v \in Z(\Lambda^*) & \xrightarrow[\;F^{-1}\;]{} & Z_u \in Z(\Lambda^*) \end{array}$$

an, woraus man

$$\boxed{\nu^{-1} = \Psi^{-1} \circ F^{-1} \circ \Psi}$$

für die Dechiffrierfunktion ablesen kann.

4.1.1   Die modulo-Funktion

Bisher haben wir gesehen, wie man mit Hilfe einer einfachen Funktion $f : \Lambda^* \to \Lambda^*, f(\xi) := \xi - 1$, verschlüsseln kann. Abgesehen von Ihrem zu Recht bestehenden Unbehagen, dass diese

Art von Verschlüsselung vielleicht ein wenig zu naiv ist und die Römer sicher klug genug, um den Code – d.h. die Funktion f – schnell zu entschlüsseln, gibt es ein weiteres prinzipielles Problem.

Die Chiffrierung des Satzes 'DIE SPINNEN, DIE ROEMER.' macht offenbar gar kein Problem. Wie sieht es aber mit 'ALLES IN ORDNUNG.' aus? Der Buchstabe A wird unter der Numerierungsfunktion ψ gerade $\psi(A) = 0$. Wenden wir nun die Verschlüsselungsfunktion f an, dann erhalten wir $f(0) = -1$! Jetzt ist aber $-1 \notin \Lambda^*$ und wir erhalten aus der Anwendung von ψ^{-1} keinen Buchstaben mehr!

Dieses in allen Verschlüsselungsstrategien auftretende Problem wird behoben durch die **modulo-Funktion**. Dazu benötigen wir die sogenannte **Gaußklammer** oder **entier-Funktion**, die definiert ist durch

$$\lfloor \cdot \rfloor : \begin{cases} \mathbf{R} & \to & \mathbf{Z} \\ r & \mapsto & \lfloor r \rfloor := \sup_{z \in \mathbf{Z}} \{ z \leq r \} \end{cases} .$$

$\lfloor r \rfloor$ ist also die **größte ganze Zahl, die kleiner oder gleich** r **ist**. Ein paar Beispiele mögen für Klarheit sorgen:

$$\lfloor 1.23 \rfloor = 1, \quad \lfloor -1.23 \rfloor = -2, \quad \lfloor \pi \rfloor = 3, \quad \lfloor 1 \rfloor = 1,$$

und allgemein gilt $\lfloor z \rfloor = z$ für $z \in \mathbf{Z}$.

Die **modulo-Funktion** ist definiert auf den reellen Zahlen als

$$\text{mod} : \begin{cases} \mathbf{R} \times \mathbf{R} & \to & \mathbf{Z} \\ (x,y) & \mapsto & \begin{cases} x \mod y := x - y\lfloor \frac{x}{y} \rfloor & ; \quad y \neq 0 \\ 0 & ; \quad y = 0 \end{cases} \end{cases} .$$

Im Fall $y \neq 0$ notieren wir

$$\left\lfloor \frac{x}{y} \right\rfloor > \frac{x}{y} - 1.$$

Andererseits gilt sicher

$$\frac{x}{y} - \left\lfloor \frac{x}{y} \right\rfloor \geq 0,$$

so dass

$$0 \leq \frac{x}{y} - \left\lfloor \frac{x}{y} \right\rfloor = \frac{x \mod y}{y} < 1$$

gilt. Es folgt somit

$$y > 0 \quad : \quad 0 \leq x \mod y < y$$
$$y < 0 \quad : \quad 0 \geq x \mod y > y.$$

Für positive ganze Zahlen $y =: n$ kann die modulo-Funktion also nur Werte im Intervall $[0, n[$ annehmen.

Betrachten wir unsere Verschlüsselungsfunktion $f(\xi) := \xi - 1$ erneut, die bei $\xi = 0$ auf die unbrauchbare Verschlüsselung $f(0) = -1$ führte, dann dürfte eine brauchbare Funktion nur ganzzahlige Werte im Intervall $[0, 29]$ annehmen. Definieren wir

$$f : \begin{cases} \Lambda^* & \to & \Lambda^* \\ \xi & \mapsto & (\xi - 1) \mod 30 \end{cases} ,$$

dann wäre $f(0) = -1 \mod 30 = -1 - 30\lfloor \frac{-1}{30} \rfloor = 29$. Die modulo-Funktion klebt also die linke Intervallgrenze 0 unserer Numerierung an die rechte, 29, an!

Was geschieht für $\xi \in [1, 29]$? Nun, dann ist $f(\xi) = (\xi - 1) \mod 30 = (\xi - 1) - 30\lfloor \frac{\xi-1}{30} \rfloor$ und da $0 \leq \xi - 1 < 30$ gilt, ist $\lfloor \frac{\xi-1}{30} \rfloor = 0$, also $f(\xi) = \xi - 1$. Die neue Verschlüsselungsfunktion ist hier also gleich der alten!

Wie reagiert denn die neue Funktion, wenn wir versehentlich ein $\xi > 29$ eingeben? Dann ist $f(\xi) = (\xi - 1) \mod 30 = (\xi - 1) - 30\lfloor \frac{\xi-1}{30} \rfloor$. Für $\xi = 30$ ist $\xi - 1 = 29$ und $\lfloor \frac{29}{30} \rfloor = 0$, also $f(30) = 29$. Einige weitere Werte sind in der folgenden Tabelle aufgetragen.

ξ	30	31	32	33
$f(\xi)$	29	0	1	2

Auch der rechte Intervallrand 29 wird also durch die modulo-Funktion mit dem linken Rand 0 verklebt! Das kann man sich geometrisch sehr schön so vorstellen, dass unsere Numerierungsmenge $\Lambda^* = \{0, 1, 2, 3, \ldots, 29\}$ nicht mehr wie ein Intervall

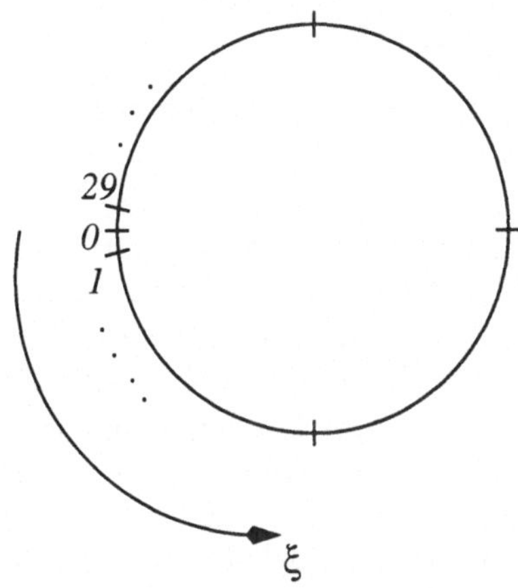

Bild 4.1: Der Numerierungskreis

linear, sondern wie ein Kreis aufzufassen ist. Überschreitet man die 29 um 1, dann ist man gerade bei 0 gelandet, unterschreitet man die 0 um -1, dann ist man gerade bei der 29, usw. Diese "Verklebefunktion" ist eine außergewöhnlich häufig auftretende und wichtige Funktion, so dass man die modulo-Funktion in der Praxis häufig trifft. So wie eine Linie zu einem Kreis verschmolzen wird, so macht die modulo-Funktion aus einer Ebene von Zahlen*paaren* einen **Torus**. Wir werden später darauf zurückkommen.

4.1.2 Java**modulonesisch**

Die Bibliothek `java.lang.math` stellt uns die Gaußklammer zur Verfügung, die dort `floor` heißt[1] und als

$$\textbf{public static double } \texttt{floor}\textbf{(double } a\textbf{)}$$

definiert ist. Der Rückgabewert der Gaußklammer ist in Java also **double**, kann aber durch einen *cast* der Form

---

[1] Das ist der Name der Gaußklammer in den angelsächsischen Ländern und soll ausdrücken, dass die Häkchen an den Klammern unten (*floor*) sind.

```
int n = (int) floor(a);
```

in den Typ `integer` verwandelt werden. Damit lässt sich die Modulofunktion implementieren.

Übungsaufgabe: Entwerfen und schreiben Sie ein Programm `floor.java` und experimentieren Sie mit der `floor`-Funktion. Schreiben Sie eine lokale Java-Methode xmody, die die Modulofunktion implementiert. Schreiben Sie auch ein Testprogramm `modulo.java`, so dass Sie die Modulofunktion testen können.

Übungsaufgabe: Nun solten Sie schon ein reales Verschlüsselungsprogramm `Chiffrier.java` schreiben. Dazu sollen Sie einen Satz einlesen, in dem die Buchstaben groß und klein sein dürfen. Dann wird der Satz buchstabenweise in seine Numerierung verwandelt (Funktion ψ), die unverschlüsselte Zahl durch die Verschlüsselungsfunktion f in eine verschlüsselte Zahl verwandelt, und die verschlüsselte Zahl mit Hilfe von ψ^{-1} in einen Buchstaben verwandelt.

Die Eingabe des Satzes `Die spinnen, die Roemer.` sollte dann die Ausgabe:

```
CHD.ROHMMDMZ.CHD.QNDLDQ,
```

liefern.

Übungsaufgabe: Schreiben Sie ein Programm `Dechiffrier.java`, daß die verschlüsselten Sätze wieder entschlüsselt.

4.2 Bemerkungen

Eine so arg primitive Verschlüsselung wie die oben beschriebene mag ja zu Cäsars Zeiten noch einigermaßen sicher gewesen sein, in der heutigen Zeit ist sie jedenfalls ganz und gar sinnlos, da uns jede Schülerin und jeder Schüler schnell auf die Schliche kommen würde! In [16] wird daher vorgeschlagen, gleich *zwei* Buchstaben *gleichzeitig* zu verschlüsseln. Sind ξ_1 und ξ_2 die Numerierungen zweier verschiedener Buchstaben aus unserem Alphabet, dann kann man mit Hilfe einer (vielleicht auch noch etwas schlaueren) Verschlüsselungsfunktion f das Gleichungs*system*

$$\xi_1' = f(\xi_1) = \alpha_{11}\xi_1 + \alpha_{12}\xi_2$$
$$\xi_2' = f(\xi_2) = \alpha_{21}\xi_1 + \alpha_{22}\xi_2,$$

bzw.

$$\begin{pmatrix} \xi_1' \\ \xi_2' \end{pmatrix} = \begin{pmatrix} f(\xi_1) \\ f(\xi_2) \end{pmatrix} = \begin{pmatrix} \alpha_{11} & \alpha_{12} \\ \alpha_{21} & \alpha_{22} \end{pmatrix} \begin{pmatrix} \xi_1 \\ \xi_2 \end{pmatrix}$$

mit einer **Verschüsselungsmatrix** formulieren. Der Prozess der Entschlüsselung führt dann auf die Lösung dieser 2×2-Gleichungssysteme.

Aber auch diese Art der Verschlüsselung ist heutigen Dechiffrierern nicht gewachsen! Gleichzeitig ist die verschlüsselte Übertragung von Daten in unserer von Computern und dem Internet beherrschten Welt aber extrem wichtig, so dass das Thema **Kryptographie** heute innerhalb der Mathematik geradezu boomt. Wenn Sie die Geschichte der Kryptographie bis in unsere Zeit interessiert, verweise ich Sie gerne auf das Buch [25] von Singh. Eine vorzügliche Einführung in die Mathematik der Kryptographie erhalten Sie im Buch [2] von Beutelspacher.

5 Was haben Tomographie und Wasserleitungen gemeinsam?

In diesem Kapitel stehen Probleme im Vordergrund, die auf **lineare Gleichungssysteme** führen. Dabei ist uns nicht daran gelegen, bis zu den modernen iterativen Gleichungssystemlösern vorzudringen. Vielmehr wollen wir Strukturen in Lösungen linearer Systeme aufdecken, und zwar nur mit Hilfe des einfachen Gaußschen Algorithmus'. Erst im Anschluss werden wir ganz kurz ein klassisches iteratives Verfahren kennenlernen.

5.1 Computertomographie

Mit Hilfe der **Computertomographie**[1] ist es möglich, schichtweise Querschnittsbilder des menschlichen Körpers zu erhalten, die man dann zu dreidimensionalen Bildern zusammensetzen kann. Für jede Schicht werden Röntgenstrahlen[2] in einer Ebene durch den Körper geschickt. Zur Veranschaulichung betrachten wir die Modellkonfiguration aus Abbildung 5.1. Der Kreis in der Mitte stellt einen Teil eines menschlichen Körpers dar, z.b. einen Kopf. Aus einem Sender kommen drei Röntgenstrahlen (in wirklichen Tomographen ist die Anzahl viel höher!), die den Kopf durchdringen und von einem Empfänger auf der anderen Seite aufgefangen werden. Jeder Röntgenstrahl verlässt

---

[1]Dieses Beispiel und das zugehörige Zahlenmaterial ist dem Artikel *Computer-Tomographie* von Kirchgraber, Bettinaglio und Weber aus [13] entnommen.

[2]Es gibt auch Tomographen, die auf anderen Prinzipien als der Röntgenstrahlung beruhen. Für das Prinzip der Tomographie sind solche Unterschiede aber ohne Bedeutung.

den Sender mit einer bestimmten **Intensität**, die man kennt. Der Empfänger misst die verbleibende Intensität nach Durchgang durch den Körper. Die Frage ist nun, welche Intensität innerhalb des Kopfes beim Durchdringen verschiedener Schichten verloren wurde. Am Schädelknochen wird der Röntgenstrahl sicher mehr an Intensität verlieren, als beim Durchgang durch Gehirnmasse. Im Gehirn selber wird es einen Unterschied machen, ob der Röntgenstrahl eine Ader durchquert oder Nervengewebe, usw. Zur Berechnung dieser Intensitätsverluste zerlegt

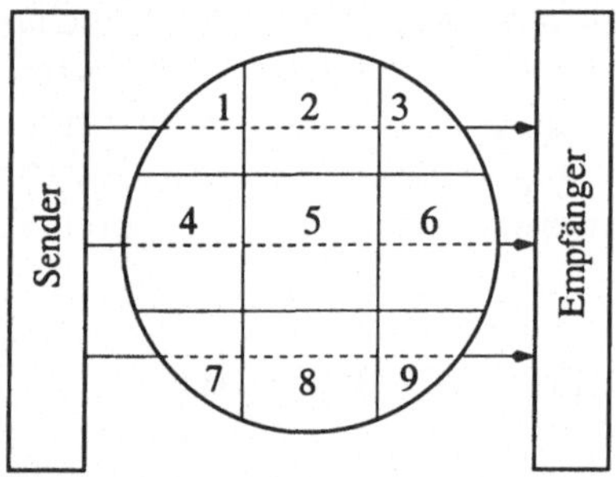

Bild 5.1: Prinzip eines Tomographen

man den Querschnitt durch den Kopf in ein Schachbrettmuster (das ist die **Diskretisierung**). In unserem Modelltomographen aus Abbildung 5.1 ist der Kopf des Patienten in neun Felder zerlegt worden. Im Feld 1 verliert der Röntgenstrahl um x_1 Einheiten an Intensität – eine Größe, die man nicht kennt – im Feld 2 um x_2 Einheiten, usw. Ist die Ausgangsintensität des ersten Strahles durch die Felder 1, 2, und 3 20 Einheiten und nimmt der Empfänger nach Durchlaufen des Kopfes noch 2 Einheiten auf, dann ergibt sich für diesen ersten Strahl die Gleichung

$$20 - x_1 - x_2 - x_3 = 2,$$

oder

$$x_1 + x_2 + x_3 = 18.$$

Nimmt der Empfänger für den Strahl durch die Felder 4, 5 und 6 noch die Intensität von 6 Einheiten war, so ergibt sich die Gleichung

$$x_4 + x_5 + x_6 = 14.$$

Ist die aufgefangene Intensität des verbleibenden dritten Strahles noch 2 Einheiten, dann folgt analog

$$x_7 + x_8 + x_9 = 18.$$

Damit haben wir ein **lineares Gleichungssystem** für die Unbekannten Intensitätsverluste $x_1, \ldots, x_9$ gefunden, nämlich

$$\underbrace{\begin{pmatrix} 1 & 1 & 1 & 0 & 0 & 0 & 0 & 0 & 0 \\ 0 & 0 & 0 & 1 & 1 & 1 & 0 & 0 & 0 \\ 0 & 0 & 0 & 0 & 0 & 0 & 1 & 1 & 1 \end{pmatrix}}_{A_1} \underbrace{\begin{pmatrix} x_1 \\ x_2 \\ x_3 \\ x_4 \\ x_5 \\ x_6 \\ x_7 \\ x_8 \\ x_9 \end{pmatrix}}_{x} = \underbrace{\begin{pmatrix} 18 \\ 14 \\ 18 \end{pmatrix}}_{b_1},$$

oder $A_1 x = b_1$ mit einer Matrix $A_1 \in \mathbf{R}^{3 \times 9}$, einem Vektor $x \in \mathbf{R}^9$ von Unbekannten, und einer rechten Seite $b_1 \in \mathbf{R}^3$.

Aus diesem System lassen sich die neun gesuchten Intensitäten $x_1, \ldots, x_9$ allerdings gar nicht bestimmen, denn wir haben nur drei Gleichungen für neun Unbekannte. Unser Gleichungssystem ist **unterbestimmt**. Nun wird zur Bestimmung eines Schnittbildes nicht nur *eine* Röntgenaufnahme mit dem Tomographen gemacht. Man dreht das Gerät um einen bestimmten Winkel, so dass z.B. die in Abbildung 5.2 dargestellte Position entsteht. Nun werden die Gebiete 2 und 3 vom ersten Strahl durchdrungen. Nimmt der Empfänger eine Intensität von 3 wahr, dann folgt die Gleichung

$$20 - x_2 - x_3 = 3,$$

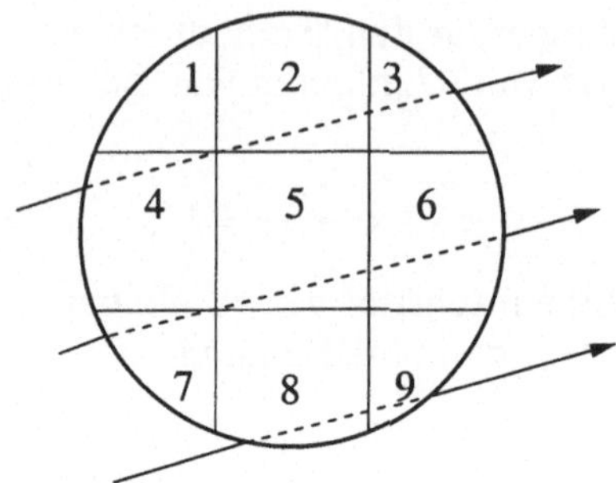

Bild 5.2: Position nach erster Drehung

also

$$x_2 + x_3 = 17.$$

Nehmen wir für den zweiten und dritten Strahl gemessene Intensitäten von 5 bzw. 8 an, dann haben wir ein zweites lineares Gleichungssystem

$$\underbrace{\begin{pmatrix} 0 & 1 & 1 & 1 & 0 & 0 & 0 & 0 & 0 \\ 0 & 0 & 0 & 0 & 1 & 1 & 1 & 0 & 0 \\ 0 & 0 & 0 & 0 & 0 & 0 & 0 & 1 & 1 \end{pmatrix}}_{A_2} \underbrace{\begin{pmatrix} x_1 \\ x_2 \\ x_3 \\ x_4 \\ x_5 \\ x_6 \\ x_7 \\ x_8 \\ x_9 \end{pmatrix}}_{x} = \underbrace{\begin{pmatrix} 17 \\ 15 \\ 12 \end{pmatrix}}_{b_2}$$

für die neun Unbekannten $x_1, \dots, x_9$ erhalten. Zusammen mit dem ersten System haben wir nun sechs Gleichungen für neun Unbekannte und das Problem ist immer noch unterbestimmt! Drehen wir nun den Tomographen noch einmal in die in Abbildung 5.3 gezeigte Position, dann erhalten wir wieder ein lineares System analog zu den beiden obigen. Sind die aufgefangenen In-

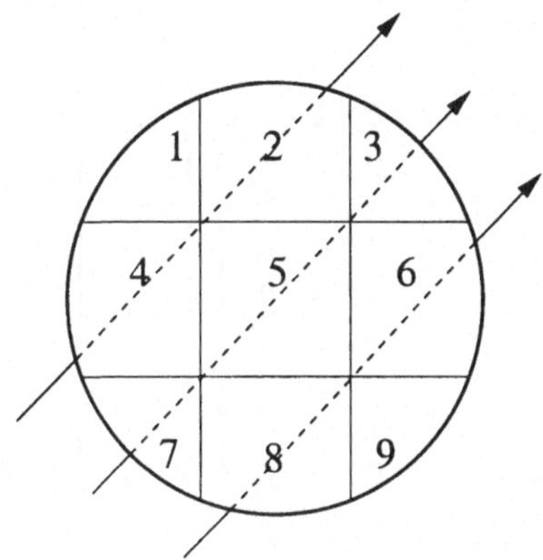

Bild 5.3: Position nach zweiter Drehung

tensitäten für die drei Strahlen 8, 7, bzw. 6, dann lautet dieses
letzte System

$$
\underbrace{\begin{pmatrix} 0 & 1 & 0 & 1 & 0 & 0 & 0 & 0 & 0 \\ 0 & 0 & 1 & 0 & 1 & 0 & 1 & 0 & 0 \\ 0 & 0 & 0 & 0 & 0 & 1 & 0 & 1 & 0 \end{pmatrix}}_{A_3}
\underbrace{\begin{pmatrix} x_1 \\ x_2 \\ x_3 \\ x_4 \\ x_5 \\ x_6 \\ x_7 \\ x_8 \\ x_9 \end{pmatrix}}_{x}
=
\underbrace{\begin{pmatrix} 12 \\ 13 \\ 14 \end{pmatrix}}_{b_3}.
$$

Nun können wir die drei linearen Systeme, die wir durch die
drei Positionen des Tomographen gewonnen haben, zu *einem*
System zusammenfassen:

$$
\begin{pmatrix} A_1 \\ A_2 \\ A_3 \end{pmatrix} x = \begin{pmatrix} b_1 \\ b_2 \\ b_3 \end{pmatrix},
$$

oder, ausgeschrieben:

$$\underbrace{\begin{pmatrix} 1 & 1 & 1 & 0 & 0 & 0 & 0 & 0 & 0 \\ 0 & 0 & 0 & 1 & 1 & 1 & 0 & 0 & 0 \\ 0 & 0 & 0 & 0 & 0 & 0 & 1 & 1 & 1 \\ 0 & 1 & 1 & 1 & 0 & 0 & 0 & 0 & 0 \\ 0 & 0 & 0 & 0 & 1 & 1 & 1 & 0 & 0 \\ 0 & 0 & 0 & 0 & 0 & 0 & 0 & 1 & 1 \\ 0 & 1 & 0 & 1 & 0 & 0 & 0 & 0 & 0 \\ 0 & 0 & 1 & 0 & 1 & 0 & 1 & 0 & 0 \\ 0 & 0 & 0 & 0 & 0 & 1 & 0 & 1 & 0 \end{pmatrix}}_{A} \underbrace{\begin{pmatrix} x_1 \\ x_2 \\ x_3 \\ x_4 \\ x_5 \\ x_6 \\ x_7 \\ x_8 \\ x_9 \end{pmatrix}}_{x} = \underbrace{\begin{pmatrix} 18 \\ 14 \\ 18 \\ 17 \\ 15 \\ 12 \\ 12 \\ 13 \\ 14 \end{pmatrix}}_{b} . \qquad (5.1)$$

Nun haben wir tatsächlich neun Gleichungen für neun Unbekannte, aber existiert auch genau eine Lösung? Bevor wir diese Frage mit Hilfe des Gaußschen Algorithmus klären werden, wenden wir uns noch einem Rohrleitungsnetz zu.

5.2 Ein Rohrleitungsnetz

In allen Betrieben, Schulen und im Versorgungsnetz unserer Städte befinden sich kilometerlange Rohrleitungsnetze, in denen Gas, Wasser, oder andere Flüssigkeiten oder Gase transportiert werden. Bei der Auslegung solcher Rohrleitungsnetze sind die sogenannten **Kapazitäten** interessante Größen, d.h. die Durchflussmenge pro Zeit. Die Kapazität bestimmt nämlich den erforderlichen Rohrdurchmesser und der Rohrdurchmesser bestimmt ganz wesentlich die Kosten des Netzes!
Wir wollen uns einen winzigen Ausschnitt eines solchen Rohrleitungsnetzes in Abbildung 5.4 ansehen[3]. Die Zahlenangaben sind Werte in m^3/s. Gesucht sind die Kapazitäten s_1, s_2, s_3, s_4. An jedem Knoten A, B, C, D muss die Summe aus Zu- und Abflüssen verschwinden, denn sonst wäre eine Quelle oder eine Senke im

---

[3]Dieses Beispiel und das zugehörige Zahlenmaterial ist [28] entnommen. Es entstammt ursprünglich einem Schulbuch.

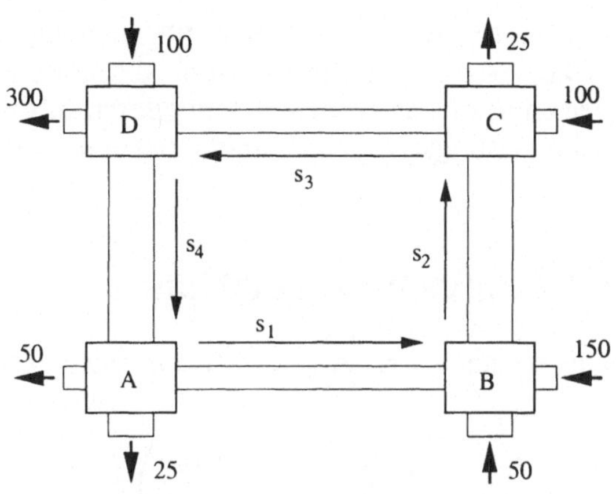

Bild 5.4: Ein Rohrleitungssystem

Netz. Damit ergibt sich für die einzelnen Knoten:

$$A : s_4 - s_1 - 25 - 50 = 0$$
$$B : s_1 - s_2 + 150 + 50 = 0$$
$$C : s_2 - s_3 + 100 - 25 = 0$$
$$D : s_3 - s_4 + 100 - 300 = 0.$$

Das ist aber ein lineares Gleichungssystem $\mathbf{As} = \mathbf{b}$ mit

$$\underbrace{\begin{pmatrix} -1 & 0 & 0 & 1 \\ 1 & -1 & 0 & 0 \\ 0 & 1 & -1 & 0 \\ 0 & 0 & 1 & -1 \end{pmatrix}}_{A} \underbrace{\begin{pmatrix} s_1 \\ s_2 \\ s_3 \\ s_4 \end{pmatrix}}_{s} = \underbrace{\begin{pmatrix} 75 \\ -200 \\ -75 \\ 200 \end{pmatrix}}_{b} . \qquad (5.2)$$

Wir haben vier Gleichungen für vier Unbekannte, aber ist die Lösung auch eindeutig bestimmt?

Was haben Tomographie und Rohrleitungsnetze also gemeinsam? Beide führen auf **lineare Gleichungssysteme**! Wir haben also Systeme der Form

$$\mathbf{Ax} = \mathbf{b}$$

zu studieren, wobei $A \in \mathbf{R}^{m \times n}$, $b \in \mathbf{R}^m$ und der unbekannte Vektor x aus dem $\mathbf{R}^n$ ist. Im nächsten Abschnitt werden wir einen Algorithmus diskutieren, aus dem *alles* abzulesen ist, was man über die Lösungsstruktur linearer Systeme nur aussagen kann.

5.3 Der Gaußsche Algorithmus

Wir betrachten eine Matrix $A \in \mathbf{R}^{m \times n}$, d.h. mit m Zeilen und n Spalten:

$$A = \begin{pmatrix} a_{11} & \cdots & a_{1n} \\ \vdots & \ddots & \vdots \\ a_{m1} & \cdots & a_{mn} \end{pmatrix}.$$

Mit einem Vektor $b \in \mathbf{R}^m$ betrachten wir das lineare Gleichungssystem

$$Ax = b$$

und fragen nach Lösungen $x \in \mathbf{R}^n$. Im Fall $b = 0$ spricht man von einem **homogenen Gleichungssystem**, im Fall $b \neq 0$ von einem **inhomogenen Gleichungssystem**.

Wir starten mit einem abstrakten Satz, der uns Auskunft über alle unsere Fragen bzgl. der Lösbarkeit und der Struktur der Lösungen geben wird. Im Anschluss werden wir sehen, wie ein numerischer Algorithmus diesen abstrakten Satz mit ganz konkretem Leben füllen wird.

Satz 5.3.1   (a) *Die Lösungen x_h des homogenen Systems $Ax = 0$ bilden einen Untervektorraum des $\mathbf{R}^n$, den sogenannten* **Kern** *von* A, $\ker A$.

Ist $(x^{(1)}, \ldots, x^{(k)})$ eine Basis von $\ker A$, dann ist

$$x_h = \sum_{j=1}^{k} \alpha_j x^{(j)}, \quad \alpha_j \in \mathbf{R},$$

die allgemeine Lösung des homogenen Systems.

(b) *Ist x_s eine (spezielle) Lösung des inhomogenen Systems $Ax = b$, dann ist*

$$x = x_s + x_h = x_s + \sum_{j=1}^{k} \alpha_j x^{(j)}$$

die allgemeine Lösung des inhomogenen Systems.

Beweis: Zum Beweis von *(a)* erinnern Sie sich bitte, wann eine Menge $W \subset \mathbf{R}^n$ ein *Untervektorraum* ist! Das ist genau dann der Fall, falls

(i) $0 \in W$,

(ii) $v, w \in W \quad \Rightarrow \quad v + w \in W$,

(iii) $v \in W, \lambda \in \mathbf{R} \quad \Rightarrow \quad \lambda v \in W$.

Kugeln sind also *keine* Unterräume, aber Geraden und Ebenen durch den Ursprung! Nun also los mit dem Beweis:

(a) Wegen $A0 = 0$ ist $0 \in \ker A$. Sind $v, w \in \ker A$, dann gilt $A(v+w) = Av+Aw = 0+0 = 0$ und damit ist $v+w \in \ker A$. Ist $v \in \ker A$ und $\lambda \in \mathbf{R}$, dann gilt $A(\lambda v) = \lambda(Av) = \lambda 0 = 0$ und somit $\lambda v \in \ker A$. Damit ist $\ker A$ aber Untervektorraum von $\mathbf{R}^n$.

Die Darstellung der Lösung des homogenen Systems als Linearkombination der Basis ist offensichtlich.

(b) Ist x_s spezielle Lösung des inhomogenen Systems und x_h die Lösung des homogenen Systems, dann folgt aus

$$A(x_s + x_h) = Ax_s + Ax_h = b + 0 = b,$$

dass $x_s + x_h$ Lösung des inhomogenen Problems ist.

Ist andererseits y Lösung des inhomogenen Systems, dann folgt

$$A(y - x_s) = Ay - Ax_s = b - b = 0,$$

also $y - x_s \in \ker A$. Damit unterscheiden sich irgend zwei Lösungen des inhomogenen Systems nur um eine Lösung des homogenen Systems.

∎

Wir kommen nun zum **Gaußschen Algorithmus**. Dazu betrachten wir das **erweiterte Koeffizientenschema**

$$
(A \mid b) := \begin{pmatrix} a_{11} & \cdots & a_{1n} & b_1 \\ \vdots & \ddots & \vdots & \vdots \\ a_{m1} & \cdots & a_{mn} & b_m \end{pmatrix}
$$

und behandeln $(A \mid b)$ so, als sei es eine Matrix. Damit durchlaufen wir folgenden Eliminationsprozess:

– Ist $a_{11} \neq 0$?

  I. nein

  (a) Suche in der 1. Spalte nach $a_{k1} \neq 0$ und vertausche 1. Zeile mit k-ter Zeile (Tausch von Zeilen bedeutet Tausch von Gleichungen und ändert nichts am Gesamtsystem).

  (b) Sind alle Elemente der ersten Spalte Null, dann suche in der Restmatrix ein $a_{ij} \neq 0$ und vertausche die i-te Spalte mit der 1. Spalte (Achtung: Spaltentausch bedeutet Vertauschung der Variablen und erfordert Buchführung!). Gehe nach (a).

  (c) Sind alle Elemente der Restmatrix Null, dann STOP.

  II. ja

  $a_{11} \neq 0$ heißt **Pivotelement** für den ersten Gauß-Schritt.

Berechne

für$(i = 2, 3, \ldots, m)$

addiere das $\left(\dfrac{a_{i1}}{a_{11}} \right)$ –fache der ersten Zeile

zu Zeile i.

Damit ist das Ergebnis des ersten Gauß-Schrittes das erweiterte Koeffizientenschema

$$\left(\begin{array}{cccc|c} a_{11} & a_{12} & \cdots & a_{1n} & b_1 \\ 0 & a_{22}^{(2)} & \cdots & a_{2n}^{(2)} & b_2^{(2)} \\ \vdots & \vdots & \ddots & \vdots & \vdots \\ 0 & a_{m2}^{(2)} & \cdots & a_{mn}^{(2)} & b_m^{(2)} \end{array} \right).$$

Der erste Gaußschritt hat also unterhalb von a_{11} eine Null-spalte erzeugt und dabei alle weiteren Elemente der Restmatrix verändert (daher der obere Index (2)). Im zweiten Gauß-Schritt wird der gleiche Eliminationsschritt mit der Restmatrix

$$\left(\begin{array}{ccc|c} a_{22}^{(2)} & \cdots & a_{2n}^{(2)} & b_2^{(2)} \\ \vdots & \ddots & \vdots & \vdots \\ a_{m2}^{(2)} & \cdots & a_{mn}^{(2)} & b_m^{(2)} \end{array} \right)$$

durchgeführt, usw. Der Algorithmus stoppt, wenn es nichts mehr zu eliminieren gibt. Die Situation dann ist:

$$\left(\begin{array}{ccccc|c} a_{11} & a_{12} & \cdots & \cdots & \cdots & a_{1n} & b_1 \\ & a_{22}^{(2)} & \cdots & \cdots & \cdots & a_{2n}^{(2)} & b_2^{(2)} \\ 0 & & \ddots & & & \vdots & \vdots \\ & & & a_{rr}^{(r)} & \cdots & a_{rn}^{(r)} & b_r^{(r)} \\ & & & & & & b_{r+1}^{(r)} \\ & & & 0 & & & \vdots \\ & & & & & & b_m^{(r)} \end{array} \right).$$

Wir können jetzt sofort die Lösbarkeitsbedingung ablesen: $Ax = b$ besitzt genau dann eine Lösung, wenn $b_k^{(r)} = 0$ für $k = r+1,\dots,m$ gilt. In diesem Fall sind die Lösungskomponenten $x_{r+1},\dots,x_m$ frei wählbar (sog. Parameter). Die restlichen Komponenten $x_1,\dots,x_r$ erhält man durch **Rückwärtssubstitution**

$$\textbf{für } (i = r, r-1,\dots,1)$$

$$x_i = \frac{1}{a_{ii}}\left(b_i - \sum_{j=i+1}^{n} a_{ij}x_j\right).$$

Nun können wir mit Blick auf Satz **5.3.1** folgende Aussagen treffen.

(a) Spezielle Lösung x_s: Wähle $x_{r+1} = x_{r+2} = \cdots = x_n := 0$ und berechne $x_1,\dots,x_r$ durch Rückwärtssubstitution.

(b) Basis von $\ker A$: Setze alle $b_i = 0$. Wähle für $j = 1,\dots,n-r$:

$$x_{r+i}^{(j)} := \begin{cases} 0 & , \quad i = 1,\dots,n-r, \quad i \neq j \\ 1 & , \qquad\qquad\quad i = j \end{cases}.$$

Berechne mit diesen Startwerten $x_1^{(j)},\dots,x_r^{(j)}$ durch Rückwärtssubstitution. Auf Grund der Startwerte sind die $x^{(j)}, j = 1,\dots,n-r$ linear unabhängig. Ein Blick auf den Algorithmus der Rückwärtssubstitution zeigt uns, dass *jede* Lösung des homogenen Systems darstellbar ist als eine Linearkombination der Vektoren $x^{(1)},\dots,x^{(n-r)}$.

Damit ist aber das Vektorensystem $(x^{(1)},\dots,x^{(n-r)})$ eine Basis von $\ker A$ und wir erhalten die Dimensionsaussage $\dim \ker A = n - r$.

Wenn Sie sich daran erinnern, dass die maximale Anzahl der linear unabhängigen Zeilenvektoren in einer Matrix der **Rang** der Matrix heißt, dann sagt uns der Gaußsche Algorithmus

$$r = \operatorname{rang} A.$$

Damit erhalten wir sofort einige tiefgreifende Folgerungen:

(i) $Ax = b$ besitzt eine Lösung genau dann, wenn $\text{rang}\,A = \text{rang}\,(A \mid b)$ gilt,

(ii) $\dim \ker A + \text{rang}\,A = n$,

(iii) Unterbestimmte homogene Systeme $Ax = 0$, $A \in \mathbf{R}^{m \times n}$, $m < n$, haben stets nichttriviale Lösungen,

(iv) Quadratische Systeme $Ax = b$, $A \in \mathbf{R}^{n \times n}$ sind eindeutig lösbar genau dann, wenn $\text{rang}\,A = n$ gilt.

Es ist ganz erstaunlich – und wir weisen Sie daher extra darauf hin – welche tiefen mathematischen Einsichten in die Strukturen linearer Probleme durch einen numerischen Algorithmus gewonnen werden können!

Übungsaufgabe: Implementieren Sie den Gaußschen Algorithmus mit Pivotsuche in einer Java-Klasse Gauss.java.

Für die moderne numerische Praxis ist der Gaußsche Algorithmus ungeeignet. Nicht nur, dass man bei einem $n \times n$-System $\mathcal{O}(n^3)$ Rechenoperationen benötigt, sondern die numerischen Eigenschaften sind auch noch ungünstig. Für große Probleme aus der Praxis gibt es moderne iterative Verfahren, die bereits äußerst komplex sind, vergl. [23]. Keines dieser Verfahren liefert aber so viel Information über die Lösungen eines linearen Systems wie der gute alte Gaußsche Algorithmus.

5.4 Zurück zur Modellierung

Kehren wir zurück zu unseren gesuchten Intensitätsverlusten bei der Computertomographie, System (5.1). Der Gaußsche Algorithmus als Handrechnung ist bei diesem 9×9-System bereits außerordentlich aufwendig. Wir verzichten daher hier auf eine explizite Durchführung. Wenn Sie sich daran versuchen, werden Sie feststellen, dass die Matrix vollen Rang besitzt und das Gleichungssystem damit eindeutig lösbar ist. Die Lösung lautet

$$x = (x_1, \dots, x_9)^\mathsf{T} = (6,7,5,5,2,7,6,7,5)^\mathsf{T}.$$

Übersichtlicher ist das System (5.2) zur Bestimmung der Kapazitäten im Rohrleitungssystem. Das erweiterte Koeffizientenschema lautet

$$(\mathbf{A} \mid \mathbf{b}) = \left(\begin{array}{cccc|c} -1 & 0 & 0 & 1 & 75 \\ 1 & -1 & 0 & 0 & -200 \\ 0 & 1 & -1 & 0 & -75 \\ 0 & 0 & 1 & -1 & 200 \end{array} \right).$$

Addition der ersten Zeile zur vierten führt auf

$$(\mathbf{A} \mid \mathbf{b}) = \left(\begin{array}{cccc|c} -1 & 0 & 0 & 1 & 75 \\ 1 & -1 & 0 & 0 & -200 \\ 0 & 1 & -1 & 0 & -75 \\ -1 & 0 & 1 & 0 & 275 \end{array} \right).$$

Addiert man nun noch die zweite Zeile zur vierten, dann ergibt sich

$$(\mathbf{A} \mid \mathbf{b}) = \left(\begin{array}{cccc|c} -1 & 0 & 0 & 1 & 75 \\ 1 & -1 & 0 & 0 & -200 \\ 0 & 1 & -1 & 0 & -75 \\ 0 & -1 & 1 & 0 & 75 \end{array} \right).$$

Nun ist die vierte Zeile das (-1)-fache der dritten, also

$$(\mathbf{A} \mid \mathbf{b}) = \left(\begin{array}{cccc|c} -1 & 0 & 0 & 1 & 75 \\ 1 & -1 & 0 & 0 & -200 \\ 0 & 1 & -1 & 0 & -75 \\ 0 & 0 & 0 & 0 & 0 \end{array} \right). \tag{5.3}$$

Damit ist

$$r = \operatorname{rang} \mathbf{A} = \operatorname{rang} (\mathbf{A} \mid \mathbf{b})$$

und nach unseren Überlegungen zum Gaußschen Algorithmus existiert damit eine Lösung. Nun ist $r = 3$, und wegen

$$\dim \ker \mathbf{A} + \operatorname{rang} \mathbf{A} = n,$$

also

$$\dim \ker A + 3 = 4,$$

ist der Kern eindimensional. Es gibt also eine einparametrige Schar von Lösungen. Wählt man $s_4 := \sigma$, dann folgt aus der ersten Zeile von (5.3) $s_1 = \sigma - 75$. Die zweite Zeile von (5.3) liefert $s_2 = \sigma + 125$ und aus der dritten folgt schließlich $s_3 = \sigma + 200$. Damit ist die Lösung gegeben durch

$$s = \begin{pmatrix} -75 \\ 125 \\ 200 \\ 0 \end{pmatrix} + \sigma \begin{pmatrix} 1 \\ 1 \\ 1 \\ 1 \end{pmatrix}, \quad \sigma \in \mathbf{R}.$$

Was bedeutet nun eine solche Schar von Lösungen für unser Rohrleitungsproblem? Zum einen können wir offenbar die Kapazität s_4 (oder eine beliebige andere) vorgeben, um Lösungen für die verbleibenden Größen zu finden. Zum anderen eröffnen sich aber für die Modellierung neue Perspektiven. Gibt es gute Gründe, die Kapazität s_4 in einer bestimmten Größe festzulegen? Vielleicht gibt es Wartungsgründe, einen bestimmten Rohrdurchmesser nicht zu unterschreiten? Solche oder ähnliche Gründe können (und sollten!) bei der Modellierung von Rohrleitungen eine Rolle spielen. Dazu sind unterbestimmte Systeme hilfreich, denn sie lassen durch nichteindeutige Lösungen genügend Freiheiten zum Einbau von Modellierungsnebenbedingungen.

5.5 Iterative Methoden

Wie wir gesehen haben, können wir am Gaußschen Algorithmus alles ablesen, was wir über die Struktur der Lösungsmengen wissen wollen. In der Praxis sind solche **direkten Methoden** wie der Gaußsche Algorithmus jedoch nicht im Gebrauch. Praxis bedeutet immer *sehr große* Systeme, sagen wir reguläre quadratische Matrizen der Größe 100000×100000. In [23] wird für eine Multiplikation bzw. Division im Rechner die Zeit von $1\mu s = 10^{-6}s$ angenommen und gezeigt, dass dann der Gaußsche Algorithmus für ein $10^5 \times 10^5$-System ca. 10 Jahre und 7 Monate benötigen würde. Aber neben dem Zeitproblem gibt es noch ein weiteres wichtiges Problem. Bei der schrittweisen Umformung im Gaußschen Algorithmus kann eine ganz harmlose Matrix sich in ein numerisches Monster verwandeln. Die numerischen Eigenschaften der Koeffizientenmatrix bleiben also im Verlauf des Algorithmus' nicht unverändert.

Zur Beseitigung dieser Probleme greift man auf sogenannte **iterative Verfahren** zurück. Die Idee kann man dabei wie folgt beschreiben: Zur Lösung von

$$Ax = b$$

mit einer regulären Matrix $A \in R^{n \times n}$ zerlegen wir die Matrix in Form von

$$A = B + (A - B)$$

mit einer Matrix $B \in R^{n \times n}$. Damit ergibt sich das äquivalente System

$$Bx = (B - A)x + b.$$

Ist B auch noch regulär, dann können wir

$$x = B^{-1}(B - A)x + B^{-1}b$$

schreiben. Nehmen wir an, wir hätten einen *Startvektor* $x_0 \in R^n$ vorgegeben. Dann würde uns die letzte Formel erlauben, eine neue Näherung x_1 durch

$$x_1 = B^{-1}(B - A)x_0 + B^{-1}b$$

zu berechnen. Aus x_1 berechnen wir nun weiter x_2, usw. und hoffen, dass wir der wahren Lösung im Laufe dieser Iteration immer näher kommen. Definiert man

$$\begin{aligned} M &:= B^{-1}(B - A) \\ N &:= B^{-1}, \end{aligned}$$

dann können wir ein Iterationsverfahren somit in der Form

$$x_{m+1} = Mx_m + Nb, \quad m = 0, 1, 2, \ldots$$

schreiben. Die Frage ist nun, wie man die Matrix B günstig bestimmen kann.

5.5.1 Das Gauß-Seidel-Verfahren

Bereits Carl Friedrich Gauß hatte eine entscheidende Idee, die zu einem klassischen iterativen Verfahen führt. Man zerlegt dazu die Matrix A dergestalt in drei Teile L, D, R, so dass D eine Matrix ist, die nur die Diagonalelemente von A und sonst nur Nullen enthält. Dann ist L der linke untere verbleibende Teil und R der rechte obere nach Abbildung 5.5. Dann wählen wir

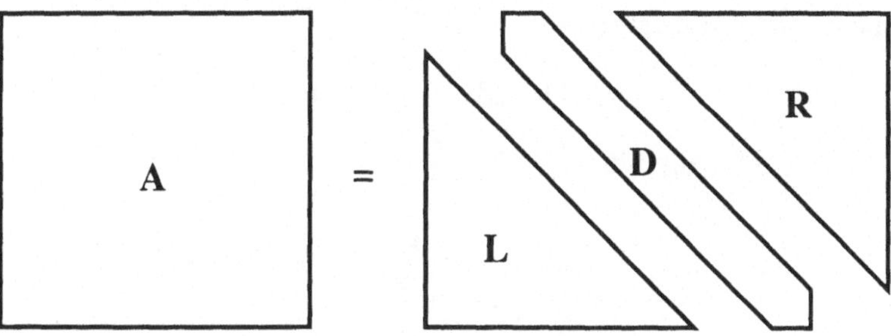

Bild 5.5: Prinzip der LDR-Zerlegung

$$B := B^{GS} := D + L.$$

Unsere Zerlegung $A = B + (A - B)$ schreibt sich dann in der Tat in der Form $A = D + L + (L + D + R - (D + L)) = L + D + R$. Damit erhalten wir die Iterationsmatrizen

$$\begin{aligned}
M := M^{GS} &:= (D+L)^{-1}(D+L-A) = -(D+L)^{-1}R, \\
N := N^{GS} &:= (D+L)^{-1}.
\end{aligned}$$

Das Verfahren

$$
\begin{aligned}
x_{m+1} &= M^{GS}x_m + N^{GS}b \\
&= -(D+L)^{-1}Rx_m + (D+L)^{-1}b \\
& m = 0, 1, 2, \ldots
\end{aligned}
$$

(5.4)

nennt man **Gauß-Seidel-Verfahren**, womit sich nun auch unser oberer Index ^{GS} erklärt.

Zur Programmierung ist die Form (5.4) zwar in einer modernen objektorientierten Programmiersprache wie Java durchaus geeignet, aber es geht natürlich auch in einer zeilenorientierten Form, die sich leichter umsetzen lässt. Wie verwandelt man nun (5.4) in eine zeilenweise Form? Dazu bemerken wir, dass sich das Gleichungssystem

$$
(D+L)x = -Rx + b
$$

in der i-ten Zeile als

$$
\sum_{j=1}^{i} a_{ij}x_{m+1,j} = -\sum_{j=i+1}^{n} a_{ij}x_{m,j} + b_i
$$

schreibt, wobei $x_{m,j}$ die j-te Komponente der m-ten Iterierten x_m bezeichnet. Damit erhalten wir die zeilenweise Schreibweise des Gauß-Seidel-Algorithmus als

$$
\begin{aligned}
x_{m+1,i} &= \frac{1}{a_{ii}} \left(b_i - \sum_{j=1}^{i-1} a_{ij}x_{m+1,j} - \sum_{j=i+1}^{n} a_{ij}x_{m,j} \right) \\
& i = 1, \ldots, n, \quad m = 0, 1, 2, \ldots
\end{aligned}
$$

(5.5)

Übungsaufgabe: Schreiben Sie eine Klasse GaussSeidel.java, die das Gauß-Seidel-Verfahren implementiert. Brechen Sie die Iteration dann ab, wenn der euklidische Abstand zwischen zwei aufeinanderfolgenden Iterierten x_{m+1} und x_m kleiner ist als eine vorgegebene Toleranz.

5.5.2 Problematische Systeme

Wir wollen die Vorstellung iterativer Methoden zur numerischen Lösung linearer Gleichungssysteme mit einem klassischen Beispiel abschließen, mit dem wir in gewisser Weise zu unseren Interpolationsproblemen aus Kapitel **3** zurückkehren. Wie wir dort gesehen haben, tritt bei dem Ansatz des Lagrange-Polynoms das Vandermonde-System (3.4) auf, vor dem wir Sie bereits gewarnt hatten. Nun können wir Ihnen sogar *zeigen*, wie schlimm diese Systeme sind.

Dazu geben wir Daten $(x_i, f_i), i = 1, \dots, n$ auf dem Intervall $[0, 1]$ vor, d.h. $x_1 = 0, x_n = 1$, und betrachten eine äquidistante Unterteilung des Intervalls $[0, 1]$ in Form von

$$\Delta x = \frac{1}{n-1}, \quad x_{k+1} = k \cdot \Delta x, \quad k = 0, \dots, n-1,$$

dann interpoliert für ein gegebenes n ein Polynom vom Grad $n-1$

$$p(x) = a_0 + a_1 x + a_2 x^2 + \dots + a_{n-1} x^{n-1}.$$

Aus den Interpolationsbedingungen

$$p(x_k) \stackrel{!}{=} f_k, \quad k = 1, \dots, n$$

erhalten wir

$$p(x_1) = a_0 + a_1 \cdot 0 + a_2 \cdot 0^2 + \dots a_{n-1} \cdot 0^{n-1} = f_1$$

$$p(x_2) = a_0 + a_1 \cdot \frac{1}{n-1} + \dots + a_{n-1} \cdot \left(\frac{1}{n-1}\right)^{n-1} = f_2$$

$$p(x_3) = a_0 + a_1 \cdot \frac{2}{n-1} + \dots + a_{n-1} \cdot \left(\frac{2}{n-1}\right)^{n-1} = f_3$$

$$\vdots \quad \vdots \quad \vdots$$

$$p(x_n) = a_0 + a_1 \cdot 1 + a_2 \cdot 1^2 + \dots + a_{n-1} \cdot 1^{n-1} = f_n,$$

also das lineare Gleichungssystem

$$\begin{pmatrix} 1 & 0 & 0 & \cdots & 0 \\ 1 & \frac{1}{n-1} & \left(\frac{1}{n-1}\right)^2 & \cdots & \left(\frac{1}{n-1}\right)^{n-1} \\ 1 & \frac{2}{n-1} & \left(\frac{2}{n-1}\right)^2 & \cdots & \left(\frac{2}{n-1}\right)^{n-1} \\ \vdots & \vdots & \vdots & \ddots & \vdots \\ 1 & 1 & 1 & \cdots & 1 \end{pmatrix} \begin{pmatrix} a_0 \\ a_1 \\ a_2 \\ \vdots \\ a_{n-1} \end{pmatrix} = \begin{pmatrix} f_1 \\ f_2 \\ f_3 \\ \vdots \\ f_n \end{pmatrix}.$$

Wir lösen nun das System $Ax = b$ mit dem **Gauß-Seidel-Verfahren**, wobei A die $n \times n$-Vandermonde-Matrix ist und $b = (1, 1, \dots, 1)^T \in \mathbf{R}^n$ gewählt wird. Dann kann man für jede Iteration die Differenz zweier aufeinanderfolgender Iterierten in der Euklidischen Norm $\|x_{m+1} - x_m\|_2 := \sqrt{\sum_{i=1}^{n} (x_{m+1,i} - x_{m,i})^2}$ berechnen und über der Iterationsstufe zeichnen. Je gutartiger die Koeffizientenmatrix ist, umso schneller wird diese Norm gegen Null konvergieren. Wir haben immer $x^{(0)} := (0.1, 0.1, \dots, 0.1)^T \in \mathbf{R}^n$ als Startvektor gewählt.

Abbildung 5.6 zeigt den Vergleich der Normkonvergenz für die $n = 5$ Vandermonde-Matrix und die $n = 20$ Vandermonde-Matrix.

Während das iterative Verfahren für das kleine Vandermonde-System bereits nach ca. 25 Iterationen im Diagramm bei Null verschwindet, ist die Iteration für das 20×20-System noch längst

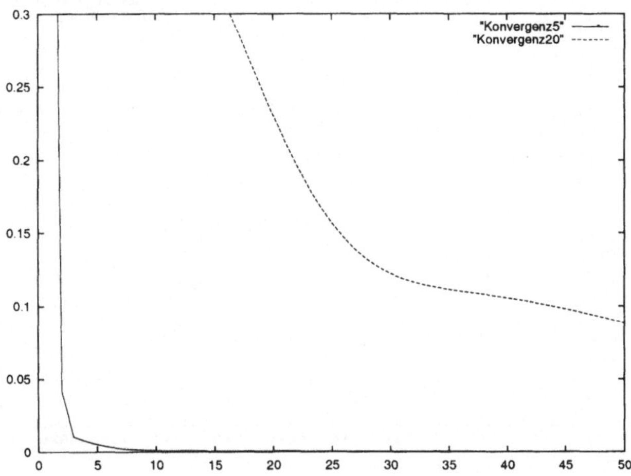

Bild 5.6: Die ersten 50 Iterationen

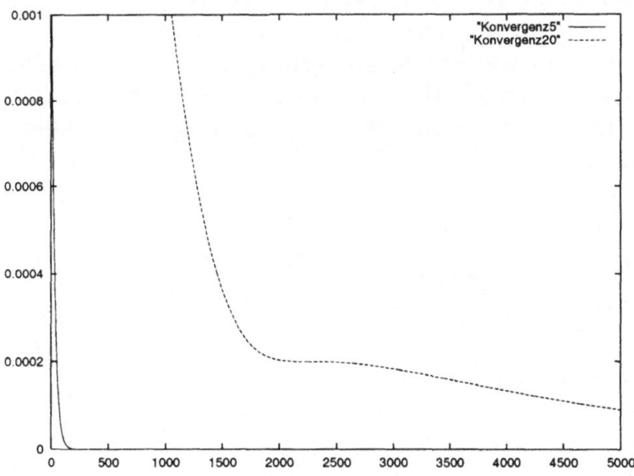

Bild 5.7: Die ersten 5000 Iterationen

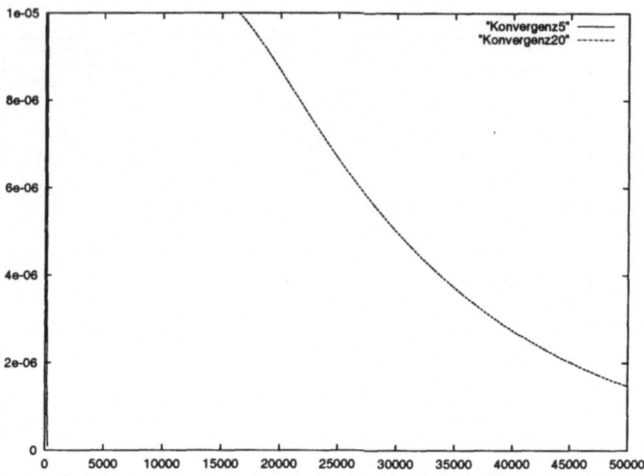

Bild 5.8: Die ersten 50000 Iterationen

nicht abgeschlossen. Vergrössern wir etwa so wie in Abbildung 5.7 dann sehen wir, dass auch nach 5000 Iterationen noch längst nicht die heute übliche Maschinengenauigkeit (ca. 10^{-12}) erreicht ist. Eine weitere Vergrösserung wie in Abbildung 5.8 zeigt, dass selbst nach 50000 (!) Iterationen die Norm erst knapp unter $2 \cdot 10^{-6}$ gefallen ist[4]. Also: Finger weg von Vandermonde-Matrizen!!

---

[4]Die eindeutig bestimmte Lösung ist offenbar $x = (1, 0, \ldots , 0)^\mathsf{T} \in \mathbf{R}^n$.

6 Wie fließt der Straßenverkehr?

Nach dem wir nun bereits einigen kleinen Modellen das Leben geschenkt haben, wollen wir unsere Modellierung auf den Verkehr auf Autostraßen ausdehnen. Wir werden sehen, dass es sich dabei um eine ganz und gar anspruchsvolle Aufgabe handelt, bei der wir bis zu unstetigen Lösungen nichtlinearer partieller Differenzialgleichungen vorstoßen werden![1]

6.1 Eine Frage der Betrachtung

Wir betrachten eine eindimensionale Straße mit n Autos , die sich zur Zeit t an den Positionen $x_i(t), i = 1, \dots, n$ befinden. Jedes Auto hat eine *Geschwindigkeit*, die durch den Differenzialquotienten $\frac{dx_i}{dt}(t)$ gegeben ist.

Nun haben wir zwei Möglichkeiten: Einmal können wir die Bewegung der Autos als *diskreten* Prozess auffassen. Dies erscheint uns natürlich, da ja Autos sich vor unserem Auge tatsächlich wie *Partikel* bewegen. Andererseits können wir argumentieren, dass der Verkehr auf unseren Straßen bereits so dicht ist, dass wir die Bewegung der Autos als kontinuierliche Strömung, ähnlich der Strömung einer Flüssigkeit, auffassen können. Obwohl Sie sich wahrscheinlich spontan für die erste Betrachtungsweise entscheiden würden, wählen wir hier doch die zweite! Es ist erstaunlich, welche Details wir mit einer *Flüssigkeits*beschreibung des Straßenverkehrs wiedergeben können und wir können uns an dieser Stelle nicht zurückhalten, Sie völlig schmerzfrei mit

---

[1] Diese Beispiele haben wir in dem wunderschönen alten Buch [15] von Haberman gefunden. Inzwischen gibt es ein deutschsprachiges Werk [17], das sich exklusiv der Modellierung von Straßenverkehr widmet!

einer nichtlinearen partiellen Differenzialgleichung bekannt zu machen.

6.2   Das Geschwindigkeitsfeld

Da unsere Wahl auf eine kontinuierliche Modellierung des Verkehrs gefallen ist, brauchen wir auch eine kontinuierliche Beschreibung der Geschwindigkeit der Autos, das Geschwindigkeits*feld*. Betrachten wir als Beispiel zwei Autos mit Geschwindigkeiten 72 km/h bzw. 48 km/h. Das erste Auto sei zur Zeit $t = 0$ an der Stelle $x_1(0) = L > 0$, das zweite bei $x_2(0) = 0$. Längen seien grundsätzlich in Kilometern (km) angegeben, Zeiten grundsätzlich in Stunden (h). Damit haben wir

$$\frac{dx_1}{dt}(t) = 72$$
$$x_1(0) = L$$

und

$$\frac{dx_2}{dt}(t) = 48$$
$$x_1(0) = 0.$$

Integration dieser Gleichungen liefert

$$x_1(t) = 72t + L, \quad x_2(t) = 48t.$$

Dieser *Ort-Zeit-Zusammenhang* ist offenbar linear. Tragen wir die Funktionen $t \mapsto x_1(t)$ und $t \mapsto x_2(t)$ in einem (x,t)-Diagramm auf, dann erhalten wir die in Abbildung 6.1 gezeigte Situation. Die Steigungen der Funktionen im (x,t)-Diagramm sind offenbar gerade die Geschwindigkeiten der Autos. Wenn wir uns von der diskreten Betrachtungsweise lösen wollen, dann benötigen wir ein Geschwindigkeitsfeld $(x,t) \mapsto u(x,t)$, das *jedem* Punkt x auf der Straße eine Geschwindigkeit zuordnet. Die beiden Geraden in unserem Diagramm müssen dann spezielle

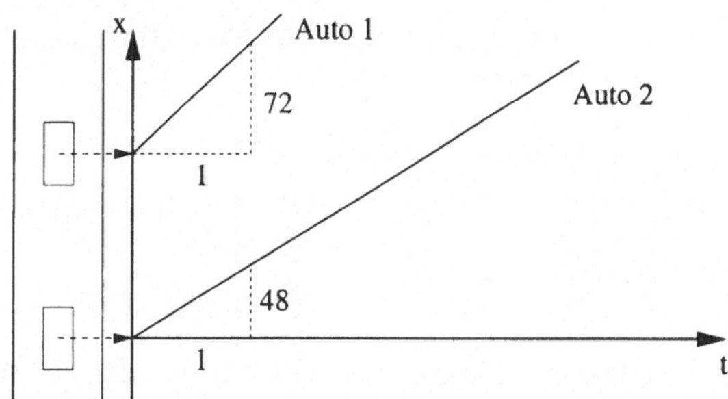

Bild 6.1: Ort-Zeit-Diagramm für zwei Autos

Kurven dieses Feldes sein. Da jede Gerade durch genau zwei Punkte eindeutig definiert ist und wir zwei Geraden bereits haben, ist ein Ansatz mit vier zu bestimmenden Koeffizienten sicher richtig. Nun müssen wir aber auch noch die physikalischen Dimensionen richtig behandeln. So ist

$$u(x,t) := \frac{a[km/h]x + b[km/h]L}{c[km/h]t + d[1]L}$$

ein physikalisch konsistenter Ansatz, denn die resultierende physikalische Einheit ist dann offenbar km/h.
Die unbekannten Koeffizienten a, b, c, d bestimmen wir durch Angabe von jeweils zwei Punkten, die auf unseren Geraden liegen:

- Auto 1:

$$u(L,0) = \frac{aL + bL}{dL} = \frac{a+b}{d} = 72,$$

$$u(L+72,1) = \frac{a(L+72) + bL}{c + dL} = 72,$$

- Auto 2:

$$u(0,0) = \frac{bL}{dL} = \frac{b}{d} = 48,$$

$$u(48,1) = \frac{a48 + bL}{c + dL} = 48.$$

Damit haben wir vier Gleichungen für vier Unbekannte, die wir aus dem linearen System

$$
\begin{bmatrix}
1 & 1 & 0 & -72 \\
0 & 1 & 0 & -48 \\
L+72 & L & -72 & -72L \\
48 & L & -48 & -48L
\end{bmatrix}
\begin{bmatrix}
a \\ b \\ c \\ d
\end{bmatrix} = 0
$$

berechnen können. Mit Hilfe des Gaußschen Algorithmus erhalten wir die Lösung

$$
a = 24, b = 48, c = 24, d = 1,
$$

also ist

$$
u(x, t) = \frac{24x + 48L}{24t + L}
$$

die gesuchte kontinuierliche Geschwindigkeitsverteilung.
Sie müssen sich einfach an den Gedanken gewöhnen, dass Sie auf eine leere Stelle auf unserer Straße tippen können, und trotzdem dort den Wert einer Geschwindigkeit erhalten!

6.3 Geschwindigkeit, Verkehrsfluss und Verkehrsdichte

In diesem Abschnitt wollen wir uns vorsichtig dem Kernpunkt unserer Modellierung nähern, dem funktionalen Zusammenhang zwischen Größen, die den Straßenverkehr auf der Straße vollständig beschreiben.

6.3.1 Fluss und Dichte

Welche Größen bestimmen den Verkehr auf unserer eindimensionalen Straße? Diese Frage lässt sich beantworten, wenn wir nach möglichen Meßgrößen fragen.

Da gibt es zum einen die Messung an einem *festen Ort*. Dabei zählen wir die Anzahl der Autos, die innerhalb einer bestimmten Zeit unseren Messpunkt passieren. Diese Größe bezeichnet man als den **Verkehrsfluss**

$$q(x,t) := \frac{\text{Anzahl von Autos am Messpunkt } x}{\text{Stunde}}.$$

Diese Größe ist natürlich abhängig vom Zeitintervall der Messung. Wird in Intervallen von halben Stunden gemessen, dann erscheint q am Punkt x als Funktion von t in Form eines Balkendiagramms. Wählt man die Messintervalle im Abstand von zehn

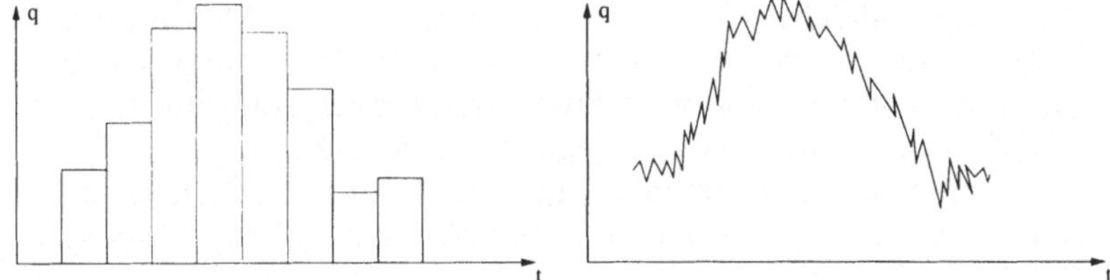

Bild 6.2: Halbstündige Messung (links) und Zehnsekundenmessung

Sekunden, dann erinnert die gemessene Kurve von q eher an Rauschen als an eine brauchbare Kurve. Hier brauchen wir eine Modellannahme: Wir nehmen an, dass das Messintervall zur Messung des Verkehrsflusses so groß (bzw. so klein) ist, dass wir die Abbildung $x, t \mapsto q(x,t)$ mit ruhigem Gewissen als stetig differenzierbare Funktion auffassen können. Eine weitere Art der Messung ist *zur festen Zeit* möglich. Dazu markiert man zwei Positionen auf der Straße, schießt aus einem Hubschrauber heraus ein Photo des Straßenabschnittes zwischen den Markierungen, und zählt die Anzahl der Autos innerhalb der markierten Strecke. Die so gewonnene Größe nennt man die **Verkehrsdichte**

$$\rho(x,t) := \frac{\text{Anzahl der Autos}}{\text{km}}.$$

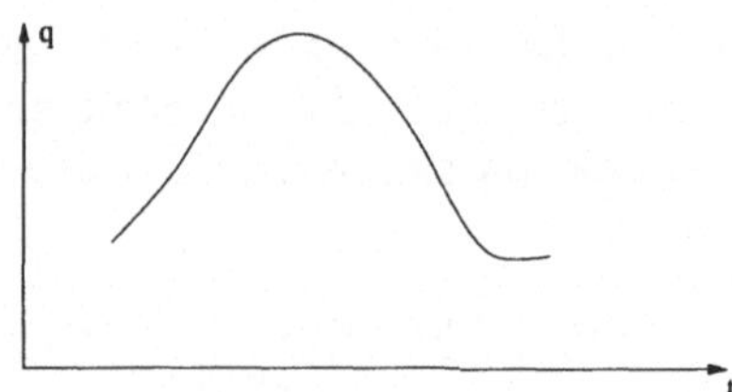

Bild 6.3: Die Funktion $x, t \mapsto q(x, t)$ an einem festen Punkt x

Wie Sie sehen ist die Dichte gleich wieder als Funktion von Ort und Zeit definiert worden. Hier gilt für das räumliche Messintervall dasselbe, was wir oben über das zeitliche Messintervall gesagt haben. Auch hier wollen wir wieder die fundamentale Annahme machen, dass ρ tatsächlich gut als stetig differenzierbare Funktion von x und t wiedergegeben werden kann.

Haben alle Autos dieselbe Länge L und denselben Abstand d, und befinden sich n Autos auf einem Kilometer Straße, dann ist $(L + d)n = 1\,km$ und damit ist

$$\rho = \frac{1}{L + d}$$

die Verkehrsdichte in diesem speziellen Fall. **Die Dichte hat also etwas mit dem Kehrwert der Autolängen zu tun!**

6.3.2 Der Zusammenhang zwischen Geschwindigkeit, Fluss und Dichte

Wieviel Autos passieren einen festen Beobachter, wenn dieser τ Stunden lang beobachtet?

Betrachten wir vorerst den einfachen Fall, dass alle Autos dieselbe konstante Geschwindigkeit u_0 haben und die Verkehrsdichte ebenfalls eine Konstante ρ_0 ist. Daraus folgt sofort, dass auch die Abstände zwischen den Autos unveränderlich konstant sind. Ein Auto kann dann den Beobachter gerade noch am Ende der τ Stunden passieren, wenn es zur Zeit 0 in einer Entfernung von nicht mehr als $u_0\tau$ Kilometern vom Beobachter entfernt ist. Also werden alle Autos in dem Intervall $[x - u_0\tau, x]$ den bei x positionierten Beobachter innerhalb von τ Stunden passieren. Da ρ_0 gerade die Anzahl der Autos je Kilometer angibt, ist damit die Anzahl der Autos, die den Beobachter in τ Stunden passieren, $\rho_0 u_0\tau$. Die Anzahl der Autos je Stunde – der **Verkehrsfluss** – ist damit

$$q = \rho_0 u_0.$$

Wenden wir uns nun dem allgemeinen Fall $x, t \;\longmapsto\; q(x, t), \rho(x, t), u(x, t)$ zu und betrachten ein *kleines* Zeitintervall Δt anstelle der τ Stunden. Dann können wir argumentieren, dass sich ρ und u von Zeit t zu Zeit $t + \Delta t$ nur wenig ändern, so dass die Anzahl der Autos, die in der Zeit Δt den Beobachter passieren, mit $\rho(x, t)u(x, t)\Delta t$ angegeben werden kann[2]. Damit ergibt sich der Verkehrsfluss zu

$$\boxed{q(x, t) = \rho(x, t)u(x, t)} \tag{6.1}$$

6.3.3 Der Satz von der Erhaltung der Autos

Ist die Verkehrsdichte (Anzahl Autos je Kilometer) als stetige Funktion $x, t \mapsto \rho(x, t)$ gegeben, dann lässt sich die Anzahl der Autos zwischen $x = a$ und $x = b$, $a \leq b$, durch

$$N(t) := \int_a^b \rho(x, t)\, dx \tag{6.2}$$

berechnen. Die Größe N kann sich *nur* ändern, wenn Autos bei $x = a$ in das Intervall $[a, b]$ einfahren, bzw. bei $x = b$ ausfahren. Anderenfalls würden nämlich Autos im Inneren des Straßenabschnittes $[a, b]$ verschwinden oder würden erzeugt. Also gilt

$$\frac{dN}{dt}(t) := q(a, t) - q(b, t). \tag{6.3}$$

---

[2]Formal kann man natürlich mit den Taylor-Reihen argumentieren.

Dabei haben wir hineinfahrende Autos als positiv, hinausfahrende negativ gezählt. Nun kombinieren wir (6.2) und (6.3) und erhalten die mathematische Formulierung für den Satz:

> Die Änderung der Zahl der Autos im Intervall zwischen $x = a$ und $x = b$ entspricht der Differenz des Verkehrsflusses über die Ränder,

nämlich

$$\frac{d}{dt}\int_a^b \rho(x,t)\,dx = q(a,t) - q(b,t) \tag{6.4}$$

Betrachtet man eine unendlich lange Straße und nimmt $\lim_{|x|\to\infty} q(x,t) = 0$ für alle t an, so folgt

$$\frac{d}{dt}\int_{-\infty}^{\infty} \rho(x,t)\,dx = 0 \quad\Leftrightarrow\quad \int_{-\infty}^{\infty} \rho(x,t)\,dx = \text{const.},$$

die integrale Größe $\int_{-\infty}^{\infty} \rho(x,t)\,dx$ wird also in der Zeit *erhalten*. Daher nennt man Gleichungen des Typs (6.4) auch **integrale Erhaltungssätze**, oder Erhaltungssätze in Integralform.

Da die Integrationsgrenzen in (6.4) beliebig, aber von t unabhängig sind, schreiben wir (6.4) für ein Intervall $[a,b] = [x, x+\Delta x]$ in der Form

$$\int_x^{x+\Delta x} \frac{\partial}{\partial t}\rho(\xi,t)\,d\xi = q(x,t) - q(x+\Delta x, t).$$

Division durch $-\Delta x$ und Limesbildung $\Delta x \to 0$ liefert

$$\lim_{\Delta x\to 0} -\frac{1}{\Delta x}\int_x^{x+\Delta x} \frac{\partial}{\partial t}\rho(\xi,t)\,d\xi = \lim_{\Delta x\to 0} \frac{q(x+\Delta x,t) - q(x,t)}{\Delta x},$$

und wenn wir das Integral ersetzen durch

$$\int_x^{x+\Delta x} \frac{\partial}{\partial t}\rho(\xi,t)\,d\xi \approx \frac{\partial}{\partial t}\rho(x,t)\cdot\Delta x$$

so folgt schließlich

$$\frac{\partial}{\partial t}\rho(x,t) + \frac{\partial}{\partial x}q(x,t) = 0$$

(6.5)

Dies ist der Satz von der Erhaltung der Autos in differenzieller Form, oder, allgemeiner, ein **Erhaltungssatz in differenzieller Form**. Während man dem integralen Erhaltungssatz (6.4) noch auf den ersten Blick die physikalische Aussage (Änderung der Anzahl der Autos in $[a, b]$ entspricht der Differenz zwischen ein- und ausfahrenden Autos) ansieht, ist diese in der differenziellen Form nicht mehr zu erkennen. Es ist daher unumgänglich, sich bei der differenziellen Form stets die dahinterstehende Physik in Erinnerung zu rufen!

Gleichungen wie (6.5) nennt man **Partielle Differenzialgleichungen**, weil partielle Ableitungen der gesuchten Funktionen auftauchen. Es ist üblich, die unabhängigen Veränderlichen x, t nicht explizit mitzuschleppen und man schreibt

$$\frac{\partial \rho}{\partial t} + \frac{\partial q}{\partial x} = 0.$$

Da wir bereits den Zusammenhang (6.1), $q = \rho u$, herausgearbeitet haben, lautet die Differenzialgleichung

$$\frac{\partial \rho}{\partial t} + \frac{\partial (\rho u)}{\partial x} = 0.$$

Wäre nun die Geschwindigkeit u der Autos bekannt, dann könnte uns diese partielle Differenzialgleichung die weitere Entwicklung der Verkehrsdichte beschreiben, denn die einzig verbleibende Unbekannte wäre ρ. Wir benötigen daher ein Modell, um die Geschwindigkeit zu bestimmen.

6.3.4 Geschwindigkeitsmodelle

Da unsere Differenzialgleichung es erlaubt, die Verkehrsdichte ρ zu berechnen, machen wir zu Beginn die fundamentale Modellannahme

$$u = u(\rho),$$

d.h. die Geschwindigkeit ist *nur* von der Verkehrsdichte abhängig[3]. Ist die Straße leer, dann sollen unsere Autofahrerinnen und Autofahrer mit voller Geschwindigkeit fahren[4], also

$$\text{(i)} \quad u(0) = u_{max}.$$

Ist die Straße befahren, dann soll

$$\text{(ii)} \quad u(\rho) < u(0)$$

gelten. Ist schließlich die Straße so voll, dass die Autos Stoßstange an Stoßstange stehen, dann wird nicht gefahren, d.h.

$$\text{(iii)} \quad u(\rho_{max}) = 0.$$

Damit folgt bereits

$$\frac{du}{d\rho} = u'(\rho) \leq 0.$$

Zur Festlegung von ρ_{max} bemerken wir, dass die Fahrer normalerweise stoppen, bevor die Autos sich berühren, also

$$\rho_{max} < \frac{1}{L},$$

wobei L wieder die Länge eines Autos bezeichnet.
Der Verkehrsfluss wird mit unserer Annahme $u = u(\rho)$ ebenfalls eine ausschließliche Funktion von ρ, nämlich

$$q = \rho u(\rho).$$

Der Verkehr kommt offenbar zum Erliegen ($q = 0$), wenn entweder $\rho = 0$ gilt (kein Auto auf der Straße), oder aber $u = 0$ und damit $\rho = \rho_{max}$ (Verkehr steht). Den Verlauf von q in Abhängigkeit

---

[3] Diese Annahme wurde zuerst unabhängig voneinander von **Lighthill** und **Whitham** (1955) und **Richards** (1956) eingeführt.

[4] Diese Fahrweise ist leider bevorzugt in Kreisen junger Männer verbreitet.

von ρ nennt man **Fundamentaldiagramm des Straßenverkehrs** [5].
Wir machen die weitere Annahme

$$\frac{d^2 q}{d\rho^2} < 0, \tag{6.6}$$

womit wir uns das Fundamentaldiagramm wie in Abbildung 6.4
vorstellen können. Das Maximum q_c dieser Funktion heißt die

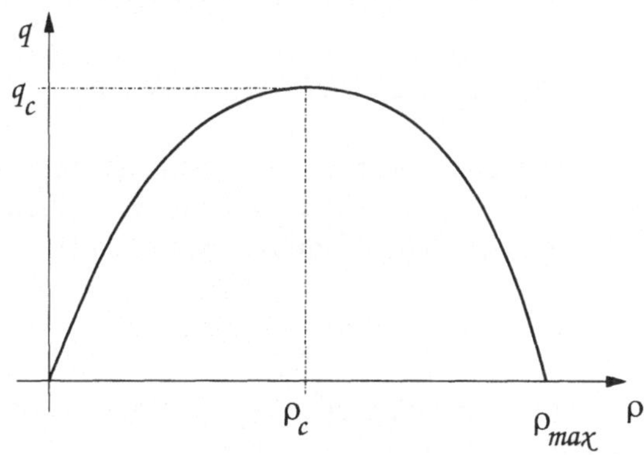

Bild 6.4: Das Fundamentaldiagramm des Straßenverkehrs

Kapazität der Straße.
Betrachten wir nun zwei hintereinanderfahrende Autos A_n (hinteres Fahrzeug) und A_{n-1} (vorausfahrendes Fahrzeug). Die
Größe, die der Fahrer von A_n sehr gut abschätzen kann, ist die
Relativgeschwindigkeit

$$\frac{dx_n(t)}{dt} - \frac{dx_{n-1}(t)}{dt},$$

die das Fahrverhalten direkt beeinflusst. Ist A_n schneller als das
vorausfahrende Auto, dann ist die Relativgeschwindigkeit positiv und der Fahrer von A_n wird verzögern (negative Beschleunigung). Fährt A_n langsamer als das vorausfahrende Fahrzeug,

---

[5]Realistischere Fundamentaldiagramme findet man in [17].

dann ist die Relativgeschwindigkeit negativ und der Fahrer von A_n wird beschleunigen. Dieses Verhalten modellieren wir in Form von

$$\frac{d^2 x_n(t)}{dt^2} = -\lambda \left(\frac{dx_n(t)}{dt} - \frac{dx_{n-1}(t)}{dt} \right),$$

wobei $\lambda > 0$ die **Sensitivität** bezeichnet und die zweite Ableitung von x nach t natürlich die Beschleunigung ist. Eine Integration bzgl. t liefert

$$\frac{dx_n(t)}{dt} = -\lambda(x_n(t) - x_{n-1}(t)) + d_n$$

mit einer Integrationskonstanten d_n. Nun ist aber $x_{n-1}(t) - x_n(t)$ ein gutes Maß für den Kehrwert der Verkehrsdichte und $\frac{dx_n(t)}{dt}$ ist die Geschwindigkeit von A_n, so dass wir

$$u(x, t) = \frac{\lambda}{\rho(x, t)} + d_n$$

erhalten. Die Konstante d_n stellen wir so ein, dass bei $\rho = \rho_{max}$ für die Geschwindigkeit $u = 0$ gilt, also

$$d_n = -\frac{\lambda}{\rho_{max}}.$$

Damit lautet unser erstes Geschwindigkeitsmodell

$$u(x, t) = \lambda \left(\frac{1}{\rho(x, t)} - \frac{1}{\rho_{max}} \right) \tag{6.7}$$

Allerdings ist dieses Modell nur für große Dichten nahe ρ_{max} brauchbar, denn es handelt sich offenbar um eine Hyperbel (Betrachten Sie u als Funktion von ρ)! Für hinreichend kleine Werte von ρ wird man daher das Wachstum der Hyperbel durch den konstanten Wert u_{max} begrenzen,

$$u(x, t) = \begin{cases} u_{max} & ; \quad \rho \leq \rho_{krit} \\ \lambda \left(\frac{1}{\rho(x,t)} - \frac{1}{\rho_{max}} \right) & ; \quad \rho > \rho_{krit} \end{cases},$$

was die Einführung einer kritischen Dichte ρ_{krit} erfordert, siehe Abbildung 6.5. Damit folgt für den Verkehrsfluss $q = \rho u$

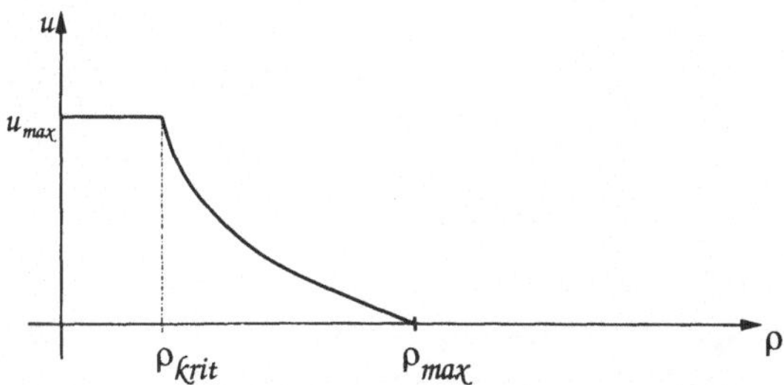

Bild 6.5: Geschwindigkeits-Dichte-Modell

$$q(x, t) = \begin{cases} u_{max}\rho(x, t) & ; \quad \rho \leq \rho_{krit} \\ \lambda\left(1 - \frac{\rho(x,t)}{\rho_{max}}\right) & ; \quad \rho > \rho_{krit} \end{cases}.$$

Leider zeigt es sich, dass dieses Modell mit einer konstanten Sensitivität das tatsächliche Fahrverhalten nicht gut wiedergibt. Mit der folgenden Idee können wir das Modell anpassen:
Der Fahrer eines Autos reagiert auf Änderungen der Relativgeschwindigkeit nicht unabhängig vom Abstand der Autos. Ist der Abstand zum vorausfahrenden Auto bereits klein, dann wird der Fahrer auf ein Bremsmanöver des vor ihm fahrenden Autos sehr viel heftiger reagieren als bei großem Abstand. Die Reaktion ist also *umgekehrt proportional* zum Abstand. Wir definieren daher die Sensitivität als

$$\lambda = \frac{c}{x_{n-1}(t) - x_n(t)}$$

mit einer Konstanten c. Damit erhalten wir aus schon bekannten Formeln

$$\frac{d^2 x_n(t)}{dt^2} = c\frac{\frac{dx_n(t)}{dt} - \frac{dx_{n-1}(t)}{dt}}{x_n(t) - x_{n-1}(t)}.$$

Die Integration bzgl. t liefert nun

$$\frac{dx_n(t)}{dt} = c \ln |x_n(t) - x_{n-1}(t)| + d_n,$$

und weil $x_n(t) - x_{n-1}(t)$ wieder ein Maß für $1/\rho$ ist und wegen $\ln 1/\rho = \ln 1 - \ln \rho = -\ln \rho$ folgt

$$u(x,t) = -c \ln \rho + d_n.$$

Wieder wird d_n so gewählt, dass $u = 0$ bei $\rho = \rho_{max}$ gilt, also $d_n = c \ln \rho_{max}$. Wieder müssen wir das Modell für kleine Dichten durch u_{max} begrenzen, so dass wir schließlich

$$u(x,t) = \begin{cases} u_{max} & ; \quad \rho \leq \rho_{krit} \\ -c \ln \frac{\rho(x,t)}{\rho_{max}} & ; \quad \rho > \rho_{krit} \end{cases}$$

erhalten. Nun können wir uns wieder der eigentlichen Modellierungsaufgabe zuwenden und die partielle Differenzialgleichung für die Verkehrsdichte untersuchen.

6.4 Partielle Differenzialgleichungen

Mit der Modellierung eines nur von der Dichte abhängigen Geschwindigkeitsfeldes $u = u(\rho)$ ist der Erhaltungssatz in differenzieller Form $\frac{\partial \rho}{\partial t} + \frac{\partial q}{\partial x} = 0$ nun in die Form

$$\frac{\partial \rho}{\partial t} + \frac{\partial}{\partial x} q(\rho) = 0 \tag{6.8}$$

gebracht worden. Diese Form der partiellen Differenzialgleichung heißt **Erhaltungsform**. Mit Hilfe der Kettenregel $\frac{\partial}{\partial x} q(\rho) = q'(\rho) \frac{\partial \rho}{\partial x}$ lässt sich die Erhaltungsform in die **quasilineare Form**

$$\frac{\partial \rho}{\partial t} + q'(\rho) \frac{\partial \rho}{\partial x} = 0$$

$$\tag{6.9}$$

bringen. Diese Differenzialgleichung ist *nicht* linear, denn die gesuchte Funktion ρ taucht noch im Koeffizienten vor der x-Ableitung auf. Bevor wir uns an diesen Typ von Differenzialgleichung wagen, wollen wir uns den linearen Differenzialgleichungen zuwenden.

Dazu betrachten wir einen Verkehr mit konstanter Dichte ρ_0 und nehmen an, dass diese konstante Dichte nur mit kleinen Störungen überlagert wird, also

$$\rho(x,t) = \rho_0 + \varepsilon\rho_1(x,t), \quad \varepsilon > 0.$$

Setzt man diese Dichte in die Differenzialgleichung (6.9) ein, dann folgt

$$\frac{\partial}{\partial t}(\rho_0 + \varepsilon\rho_1(x,t)) + q'(\rho_0 + \varepsilon\rho_1(x,t))\frac{\partial}{\partial x}(\rho_0 + \varepsilon\rho_1(x,t)) = 0,$$

also, nach Division durch ε,

$$\frac{\partial\rho_1}{\partial t} + q'(\rho_0 + \varepsilon\rho_1(x,t))\frac{\partial\rho_1}{\partial x} = 0.$$

Verwendet man für q' die Taylor-Reihe

$$q'(\rho_0 + \varepsilon\rho_1(x,t)) = q'(\rho_0) + \varepsilon\rho_1 q''(\rho_0) + \mathcal{O}(\varepsilon^2)$$

und vernachlässigt alle Potenzen von ε, dann folgt eine Gleichung für die Störungen

$$\frac{\partial\rho_1}{\partial t} + q'(\rho_0)\frac{\partial\rho_1}{\partial x} = 0,$$

die nun eine *lineare* Differenzialgleichung ist, da $q'(\rho_0)$ eine Konstante ist.

6.4.1 Die Lösung der linearen Differenzialgleichung

Wir starten mit unserem Modell eines gleichförmigen Verkehrs, dessen konstante Dichte nur durch Schwankungen $\rho_1(x,t)$ gestört wird, die der Gleichung

$$\frac{\partial\rho_1}{\partial t} + c\frac{\partial\rho_1}{\partial x} = 0, \quad c := q'(\rho_0),$$

gehorchen. Wenn wir die Entwicklung der Störung ρ_1 als Lösung dieser Differenzialgleichung in der Zeit verfolgen wollen, benötigen wir noch die Größe der Störung zur Zeit $t = 0$, die **Anfangsbedingung**

$$\rho_1(x, 0) = f(x).$$

Welche physikalische Dimension hat die Konstante c? Die Dimension von $\frac{\partial \rho_1}{\partial t}$ ist sicher $\left[\frac{\text{Anzahl Autos}}{\text{km}\cdot\text{h}}\right]$, die Dimension von $\frac{\partial \rho_1}{\partial x}$ ist $\left[\frac{\text{Anzahl Autos}}{\text{km}\cdot\text{km}}\right]$. Damit bleibt für c nur die Dimension $\left[\frac{\text{km}}{\text{h}}\right]$ übrig, also ist c eine **Geschwindigkeit**.

Was geschieht, wenn wir unsere Differenzialgleichung in einem neuen Koordinatensystem x', t' betrachten, das mit der Geschwindigkeit c bewegt wird? Wir betrachten also

$$\begin{aligned} x' &:= x - ct \\ t' &:= t, \end{aligned}$$

bzw.

$$\begin{aligned} x &= x' + ct' \\ t &= t'. \end{aligned}$$

Damit ist die Dichte $\rho_1(x, t)$ im bewegten System auch eine Funktion $\rho_1(x(x', t'), t(x', t'))$ und die Ableitung nach t' liefert

$$\frac{\partial}{\partial t'}\rho_1(x(x', t'), t(x', t')) = \frac{\partial \rho_1}{\partial x}\frac{\partial x}{\partial t'} + \frac{\partial \rho_1}{\partial t}\frac{\partial t}{\partial t'} = \frac{\partial \rho_1}{\partial x}c + \frac{\partial \rho_1}{\partial t}.$$

Die Ableitung nach x' liefert

$$\frac{\partial}{\partial x'}\rho_1(x(x', t'), t(x', t')) = \frac{\partial \rho_1}{\partial x}\frac{\partial x}{\partial x'} + \frac{\partial \rho_1}{\partial t}\frac{\partial t}{\partial x'} = \frac{\partial \rho_1}{\partial x}.$$

Demnach berechnen sich die Ableitungen in den beiden Systemen zu

$$\begin{aligned} \frac{\partial}{\partial t'} &= \frac{\partial}{\partial t} + c\frac{\partial}{\partial x} &\Leftrightarrow&& \frac{\partial}{\partial t} &= \frac{\partial}{\partial t'} - c\frac{\partial}{\partial x} \\ \frac{\partial}{\partial x'} &= \frac{\partial}{\partial x} &\Leftrightarrow&& \frac{\partial}{\partial x} &= \frac{\partial}{\partial x'} \end{aligned}$$

und die Differenzialgleichung $\frac{\partial \rho_1}{\partial t} + c\frac{\partial \rho_1}{\partial x} = 0$ im x, t-System lautet im x', t'-System

$$\frac{\partial \rho_1}{\partial t'} - c\frac{\partial \rho_1}{\partial x'} + c\frac{\partial \rho_1}{\partial x} = \frac{\partial \rho_1}{\partial t'} = 0,$$

Die Dichtestörung ist im x', t'-System also konstant! Damit folgt

$$\rho_1(x', t') = g(x')$$

mit *irgendeiner*, aber nur von x' abhängenden, Funktion g. Die Rücktransformation $x' = x - ct$ liefert dann die Lösung im x, t-System:

$$\rho_1(x, t) = g(x - ct).$$

Die Anfangsbedingung lautete $\rho_1(x, 0) = f(x)$. Damit muss aber $\rho_1(x, 0) = g(x) = f(x)$ gelten und somit ist die Funktion g in unserer Anfangswertaufgabe gerade die Anfangswertfunktion f. Damit haben wir die Lösung

$$\rho_1(x, t) = f(x - ct)$$

erhalten. Diese Formel ist sehr interessant! Lösung der linearen partiellen Differenzialgleichung ist also immer die Anfangswertfunktion, die lediglich mit Geschwindigkeit c in der Zeit verschoben wird. Daher spricht man auch von einer **Transportgleichung**. Man sagt auch, ρ_1 breitet sich als **Welle** mit **Wellengeschwindigkeit** c aus. Bitte beachten Sie, daß die Wellengeschwindigkeit c unabhängig von der Geschwindigkeit der Autos ist!
Wir haben herausgearbeitet, dass entlang der Kurven $\{(x, t) \mid x - ct = \text{const}\}$ die Dichtestörung ρ_1 konstant ist. Diese Kurven nennt man die **Charakteristiken** der Differenzialgleichung $\frac{\partial \rho_1}{\partial t} + c\frac{\partial \rho_1}{\partial x} = 0$. Die Charakteristiken sind hier Geraden mit der Steigung $\frac{dt}{dx} = \frac{1}{c}$ im t, x-Diagramm.
Wir hatten bei der Diskussion des Fundamentaldiagramms die Annahme (6.6) gemacht, d.h. $\frac{d^2q}{d\rho^2} < 0$. Damit kann $\frac{dq}{d\rho}$ von beiderlei Vorzeichen sein (vergl. Abbildung 6.4). Wegen $c = q'(\rho_0) = \frac{dq}{d\rho}(\rho_0)$ folgt daraus:
c **kann soviel positiv, als auch negativ sein!**

6.4.2　Die Ausbreitung linearer Dichtewellen

Die kritische Dichte ρ_c unterteilt das Fundamentaldiagramm 6.4 auf natürliche Weise in zwei Bereiche, den Bereich des **leichten** und den des **schweren Verkehrs**. Wir betrachten nun schweren

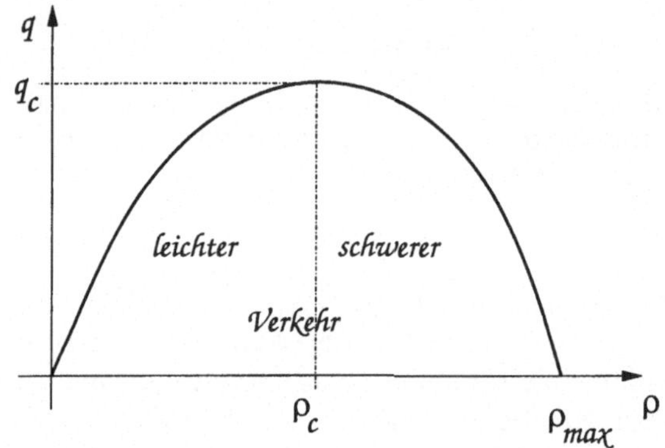

Bild 6.6: Leichter und schwerer Straßenverkehr

Verkehr von nahezu gleichförmiger Dichte, der von einer kleinen Dichtestörung ρ_1 überlagert wird. Da in schwerem Verkehr $c = \frac{dq}{d\rho} < 0$ gilt, haben die Charakteristiken negative Steigung und die Dichtewelle läuft rückwärts! Können wir dieses, rein

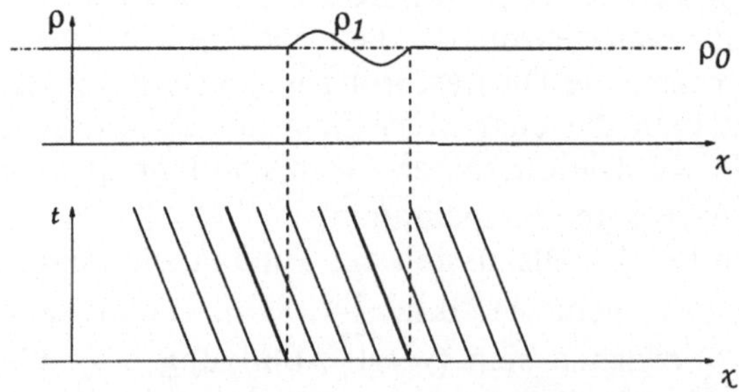

Bild 6.7: Rückwärtslaufende Dichtewelle in schwerem Verkehr

mathematisch begründete Phänomen auch aus der Sicht des Straßenverkehrs verstehen? Ja! Betrachten wir dazu den ersten in Abbildung 6.8 dargestellten Fall, nämlich die Erhöhung der Dichte in einem Intervall $[a, b]$. Ist die Dichte bei $x = a$ größer als bei b, dann folgt aus dem Fundamentaldiagramm 6.6 für schweren Verkehr, dass der Verkehrsfluss bei a *kleiner* ist als der bei b. Der Erhaltungssatz für Autos in integraler Form (6.4) erzwingt dadurch eine Abnahme der Anzahl der Autos in $[a, b]$. Damit wird aber ρ_1 in $[a, b]$ kleiner, nähert sich damit dem Wert der Dichte in Fahrtrichtung an und die Welle läuft rückwärts!

Betrachten wir den zweiten der in Abbildung 6.8 dargestellten Fälle, dann ist die Dichte bei $x = a$ kleiner als bei b und nach dem Fundamentaldiagramm 6.6 der Verkehrsfluss bei a *größer* als der bei b. Nach dem integralen Erhaltungssatz (6.4) wächst damit die Anzahl der Autos in $[a, b]$ und ρ_1 wird in $[a, b]$ größer. Damit gleicht sich ρ_1 aber dem Wert in Fahrtrichtung an und die Welle läuft somit wieder gegen die Fahrtrichtung. In *leichtem*

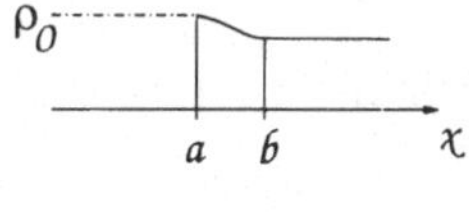

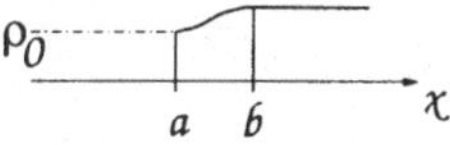

Bild 6.8: Zur Heuristik der rückwärtslaufenden Welle

Verkehr ist die Steigung der Charakteristiken positiv und mit einer analogen heuristischen Diskussion sieht man, dass Dichtewellen in Fahrtrichtung (vorwärts) laufen.

6.4.3 Einschub: Numerik von Transportgleichungen

Nun wollen wir eine sich bewegende Dichtestörung auch einmal in einer numerischen Simulation sehen!

Bereits im ersten Kapitel haben wir uns mit Differenzenausdrücken beschäftigt, auf die wir an dieser Stelle wieder zurückgreifen wollen. Wir führen ein **Gitter G** $:= \{(ih, nk) \mid i \in \mathbf{Z}, n \in \mathbf{N} \cup \{0\}\}$ in Raum und Zeit ein, wobei wir mit

$$h \;:=\; \Delta x,$$
$$k \;:=\; \Delta t$$

die Maschenweiten des Gitters in Raum und Zeit bezeichnen. Den Wert einer Approximation an die gesuchte Funktion ρ_1 an der Stelle $x = ih, t = nk$ bezeichnen wir dann mit $R_i^n :=$ $R(ih, nk) \approx \rho_1(ih, nk)$.

An Stelle der Zeitableitung $\frac{\partial \rho_1}{\partial t}$ verwenden wir die Differenz

$$\frac{R_i^{n+1} - R_i^n}{k}$$

als Approximation für

$$\left. \frac{\partial \rho_1}{\partial t} \right|_{\substack{x=ih \\ t=nk}} = \frac{\rho_1(ih, (n+1)k) - \rho_1(ih, nk)}{k} + \mathcal{O}(k).$$

Zur Approximation der räumlichen Ableitung $\frac{\partial \rho_1}{\partial x}$ wollen wir uns die drei Möglichkeiten

$$\delta_1 R_i^n \;:=\; \frac{R_{i+1}^n - R_{i-1}^n}{2h},$$
$$\delta_2 R_i^n \;:=\; \frac{R_{i+1}^n - R_i^n}{h},$$
$$\delta_3 R_i^n \;:=\; \frac{R_i^n - R_{i-1}^n}{h}$$

offenhalten, für die

$$\delta_1 R_i^n \;:=\; \left. \frac{\partial \rho_1}{\partial x} \right|_{\substack{x=ih \\ t=nk}} + \mathcal{O}(h^2),$$
$$\delta_2 R_i^n \;:=\; \left. \frac{\partial \rho_1}{\partial x} \right|_{\substack{x=ih \\ t=nk}} + \mathcal{O}(h),$$
$$\delta_3 R_i^n \;:=\; \left. \frac{\partial \rho_1}{\partial x} \right|_{\substack{x=ih \\ t=nk}} + \mathcal{O}(h)$$

aus der entsprechenden Taylor-Entwicklung folgt. Wir haben damit die drei Differenzenverfahren

$$R_i^{n+1} = R_i^n + kc\delta_k R_i^n, \quad k = 1, 2, 3$$

(6.10)

zur Approximation von

$$\frac{\partial \rho_1}{\partial t} + c\frac{\partial \rho_1}{\partial x} = 0$$

gewonnen. Geben wir jetzt noch **Anfangswerte**

$$R_i^0 := \rho_1(ih, 0)$$

(6.11)

vor, dann können wir mit Hilfe von (6.10) sukzessive alle Werte auf der neuen *Zeitschicht* $(n + 1)k$ berechnen. Man bezeichnet solche Differenzenverfahren als **explizit**. Hätten wir die Raumdiskretisierungen auf der Zeitschicht $(n + 1)k$ gebildet, dann hätten wir zur Lösung der Differenzengleichung ein lineares Gleichungssystem lösen müssen. Dann lägen *implizite* Differenzenverfahren vor.

Bevor wir uns den Differenzengleichungen auf Javanesich nähern können, müssen wir noch die Wahl der Schrittweiten h und k diskutieren, denn hier lauert ein subtiles Problem! Betrachten wir dazu den oberen Teil der Abbildung 6.9. Wir wollen unsere Transportgleichung bis zur Zeit $T > 0$ lösen. Betrachten wir ein Intervall I auf der x-Achse, dann wird die dort definierte Anfangswertfunktion entlang der Charakteristiken bis zur Zeit $t = T$ verschoben. Den Bereich in der t, x-Ebene, der durch die Anfangswertfunktion auf I bestimmt wird, nennt man **Bestimmtheitsbereich** von I. Betrachten wir einen Punkt P bei $t = T$, dann kann der Wert von ρ_1 bei P *nur* entlang der Charakteristik durch P bestimmt worden sein. Den Fußpunkt der Charakteristik durch P auf der x-Achse nennt man den **Abhängigkeitsbereich** von P.

Wechseln wir nun zu unseren Differenzengleichungen wie im unteren Teil von Abbildung 6.9 gezeigt. Zur Berechnung der numerischen Lösung R_i^n bei $x = ih, t = nh$ benötigt die drei Punkte

$(i-1)h, ih, (i+1)h$ auf der Zeitschicht $(n-1)k$. Jeder dieser drei Punkte benötigt auf der vorhergehenden Zeitschicht wiederum drei Punkte, etc. Letztlich werden die Anfangswerte auf dem Intervall $[(i-n)h, (i+n)h]$ benötigt. Zur besseren Übersichtlichkeit

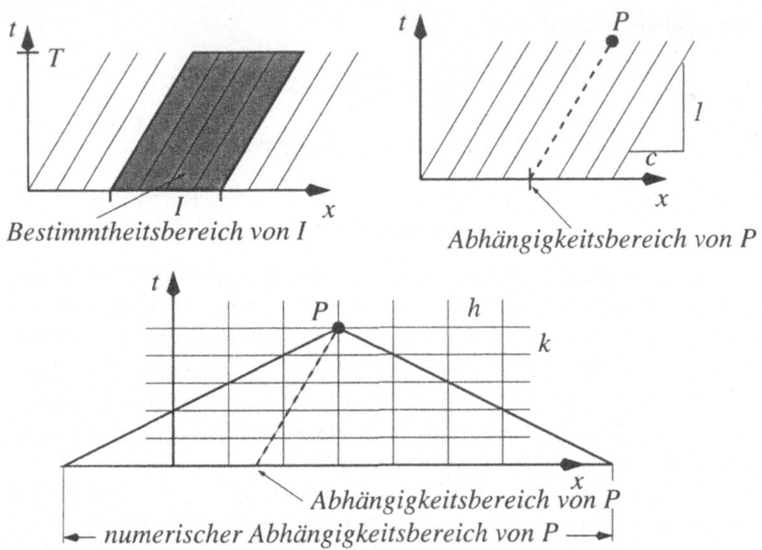

Bild 6.9: Zur CFL-Bedingung

führen wir den **Gitterquotienten**

$$\lambda := \frac{k}{h}$$

ein. Offenbar beschreibt der Gitterquotient gerade den Betrag der Steigung von zwei Geraden, die den **numerischen Abhängigkeitsbereich** der Differenzengleichung einhüllen. Die Steigung der Charakteristiken ist $1/c$. Nun können wir zwei Fälle unterscheiden: Ist

$$\lambda \le \frac{1}{c},$$

dann liegt der Abhängigkeitsbereich von P *innerhalb* des numerischen Abhängigkeitsbereiches der Differenzengleichung, so wie in Abbildung 6.9 gezeigt. Im Fall

$$\lambda > \frac{1}{c}$$

läge der Abhängigkeitsbereich *außerhalb*. Ist das von Bedeutung? Ja! Liegt der Abhängigkeitsbereich von P außerhalb, dann können wir die Anfangswertfunktion heimlich, still und leise an diesem Punkt abändern. Dadurch ändert sich sofort die Lösung am Punkt P, aber unsere Differenzengleichung wird gar nichts davon merken, noch nicht mal im Limes immer feinerer Gitter! Erst wenn der Abhängigkeitsbereich innerhalb des numerischen Abhängigkeitsbereichs liegt, sind unsere Manipulationen nicht mehr möglich: Die Differenzengleichung würde es merken! Wir haben damit eine *notwendige Bedingung für die Konvergenz* unserer expliziten Differenzengleichungen gefunden.

Diese subtile Beziehung zwischen den Gitterweiten in Raum und Zeit wurde erstmals von **Richard Courant** und seinen damaligen Schülern **Kurt Otto Friedrichs** und **Hans Lewy** in Göttingen erkannt und in Band 100 der *Mathematischen Annalen* im Jahr 1928 publiziert. Die Bedingung

$$\lambda \leq \frac{1}{c}$$

ist so wichtig und berühmt, dass man sie nach ihren Entdeckern die **CFL-Bedingung** [6] nennt. Die CFL-Bedingung ist eine Bedingung an die Zeitschrittweite. Man wählt die Raumschrittweite h frei und hat dann nach der CFL-Bedingung

$$k \leq \frac{h}{c}$$

zu garantieren. Gewöhnlich vereinbart man in einem Java-Programm eine konstante Zahl kleiner als 1, z.B. CFL = 0.9,

---

[6]Courant-Friedrichs-Lewy

und berechnet dann, nachdem man h festgelegt hat, den Zeitschritt zu $k = \text{CFL} * h/c$.

Übungsaufgabe: Schreiben Sie eine Java-Klasse `Dichtewelle.java`, die unsere drei Differenzengleichungen implementiert. Dazu sei $c = 1$ und die Anfangswertfunktion

$$\text{sei } \rho_1(x,0) = \begin{cases} 1 & ; \quad x \in [0,2] \\ 0.01\sin(2\pi(x-2)) + 1 & ; \quad x \in]2,3] \\ 1 & ; \quad x \in]3,4] \end{cases} \quad . \text{ Rechnen}$$

Sie nur auf dem Intervall $[0,4]$ und verwenden Sie *periodische Ränder*, die Sie mit Hilfe der `modulo`-Klasse realisieren können (Wellen, die sich nach rechts über $x = 4$ hinausbewegen, erscheinen bei $x = 0$ wieder. $x = 0$ und $x = 4$ sind also genauso identifiziert wie im Numerierungskreis bei Asterix' Verschlüsselungsversuchen!). Verwenden Sie auf $[0,4]$ ein Gitter der Maschenweite $h = 4/400 = 0.01$ und rechnen Sie bis zur Zeit $t = T = 1$ mit CFL$= 0.9$.

Die Anfangswertfunktion ist in Abbildung 6.10 gezeigt. Mit

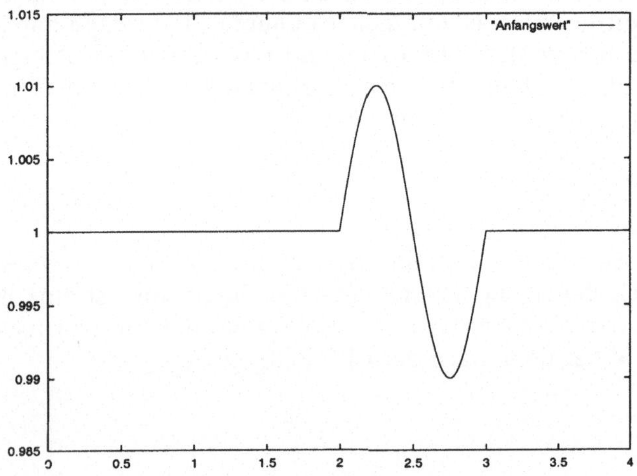

Bild 6.10: Anfangswertfunktion

unserem Verfahren (6.10) für $k = 1$ (*zentrale Differenz*) erleben wir eine böse Überraschung! Zur Zeit $T = 1$ bietet sich uns das in Abbildung 6.11 gezeigte katastrophale Bild. Die "Lösung"

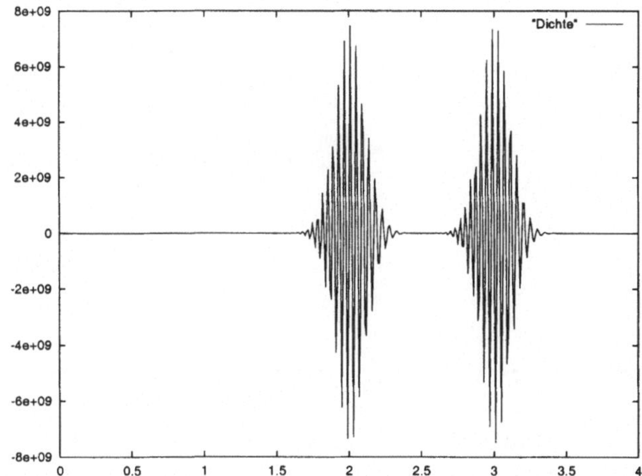

Bild 6.11: Lösung der Differenzengleichung 1

besteht aus zwei dicken Oszillationen, die sich in gigantische Höhen aufschaukeln! Können wir etwas retten? Versuchen wir einmal die CFL-Bedingung mit CFL= 0.09. Damit machen wir nun winzig kleine Zeitschritte. Das Resultat ist in Abbildung 6.12 zu sehen. Na ja, unter all dem Gezittere ist nun die Andeutung einer Welle zu sehen, aber schön ist das noch nicht! Trotz CFL-Bedingung ist die **zentrale Differenz instabil!**
Versuche mit unserem zweiten Differenzenverfahren ($k = 2$ in (6.10) (*Vorwärtsdifferenz*)) führen auf das gleiche Desaster! Erst mit Verfahren 3, der *Rückwärtsdifferenz*, ergibt sich das passable Bild 6.13. Was passiert hier? Werfen wir einen Blick auf Abbildung 6.14. Die zentrale Differenz benötigt zur Berechnung eines neuen Wertes R_i^{n+1} die alten Werte R_{i-1}^n und R_{i+1}^n. Zeichnet man die Verbindungen dieser Punkte im Gitter, dann erhält man das sogenannte **Differenzenmolekül**. In Abbildung 6.14 ist gestrichelt noch die Charakteristik zu sehen, die die

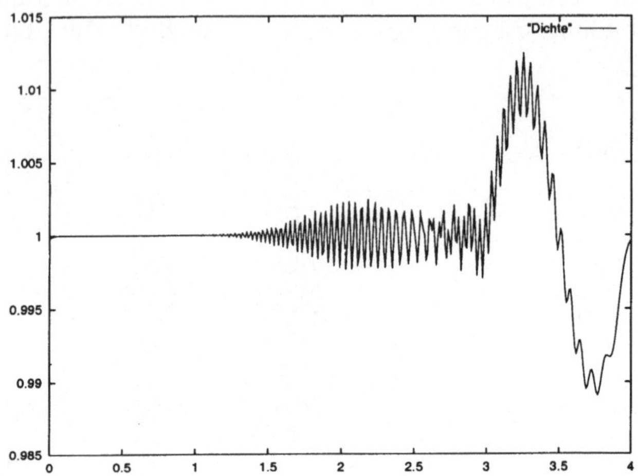

Bild 6.12: Lösung der Differenzengleichung 1 mit CFL=0.09

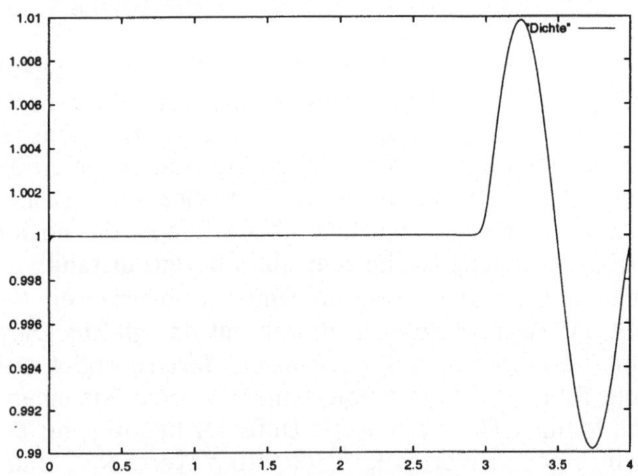

Bild 6.13: Lösung der Differenzengleichung 3

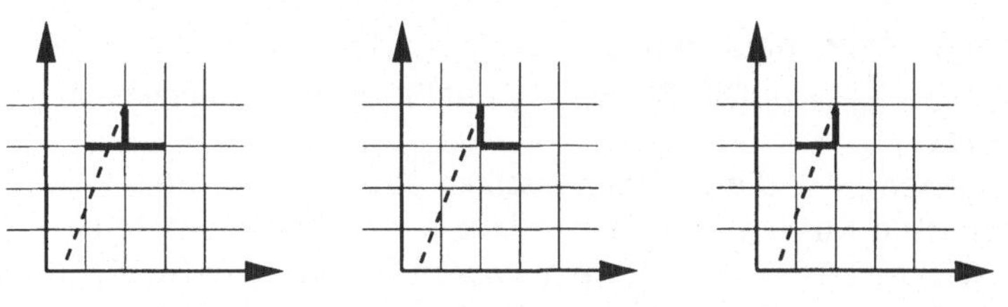

Bild 6.14: Differenzenmoleküle

Lösung am oberen Punkt bestimmt. Bei der zentralen und bei der Vorwärtsdifferenz sehen wir, dass Werte *gegen* die Transportrichtung (von links unten nach rechts oben) verwendet werden, um den neuen Wert zu berechnen! Nur in der Rückwärtsdifferenz wird tatsächlich in der richtigen Richtung differenziert! Hier ist tatsächlich der Grund für das Scheitern unserer beiden ersten Differenzenverfahren zu finden!

6.4.4 Ungleichförmiger Verkehr

Wir wollen uns nun von unserem linearen Modell lösen und wenden uns der Differenzialgleichung

$$\frac{\partial \rho}{\partial t} + \frac{\partial q(\rho)}{\partial x} = \frac{\partial \rho}{\partial t} + q'(\rho)\frac{\partial \rho}{\partial x} = 0$$

zu. Stellen wir uns wieder vor, ein mitbewegter Beobachter $t \mapsto x(t)$ betrachtet das Geschehen. Welche zeitliche Änderung der Dichte kann dieser Beobachter wahrnehmen? Er sieht

$$\frac{d}{dt}\rho(x(t), t) = \frac{\partial \rho}{\partial x}\frac{dx}{dt} + \frac{\partial \rho}{\partial t}.$$

Damit nimmt der mitbewegte Beobachter genau dann eine konstante Dichte wahr, wenn er sich mit der Geschwindigkeit

$$\frac{dx}{dt} = q'(\rho)$$

(6.12)

bewegt, denn dann gilt gerade $\frac{d}{dt}\rho(x(t),t) = \frac{\partial\rho}{\partial x}\frac{dx}{dt} + \frac{\partial\rho}{\partial t} = \frac{\partial\rho}{\partial x}q'(\rho) + \frac{\partial\rho}{\partial t} = 0$. Die Größe $q'(\rho)$ heißt **lokale Wellengeschwindigkeit**.

Wie sehen jetzt die Charakteristiken aus, d.h. die durch (6.12) definierten Kurven? An der Stelle $x = x_1$ herrscht zur Zeit $t = 0$ die Dichte $\rho_1 := \rho(x_1, 0)$. Wir wissen bereits aus (6.12), dass längs der Charakteristik durch $x = x_1, t = 0$ die Dichte konstant ist, nämlich $\rho = \rho_1$. Da für die Steigung dieser Charakteristik $\frac{dx}{dt} = q'(\rho_1) = $ const gilt, ist die Charakteristik wiederum eine **Gerade** der Steigung $q'(\rho_1)$. Im Unterschied zum linearen Fall haben aber jetzt nicht alle Charakteristiken dieselbe Steigung, sondern die Steigungen hängen von $\rho(x, 0)$ ab. An der Stelle $x = x_2$ entspringt eine Charakteristik der Steigung $\frac{dx}{dt} = q'(\rho(x_2, 0))$, usw. Wie im linearen Fall werden die Cha-

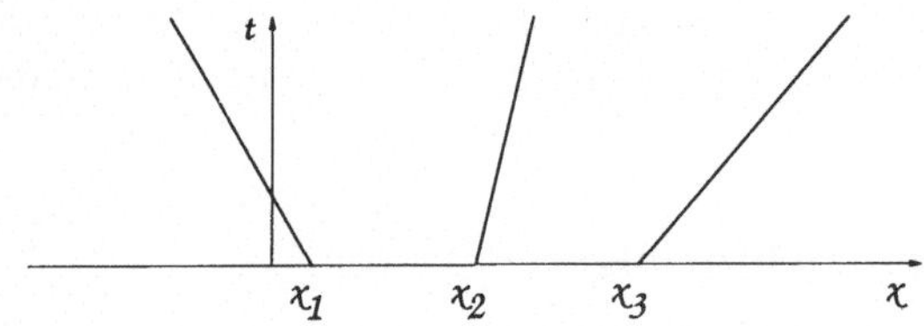

Bild 6.15: Charakteristiken für die nichtlineare Differenzialgleichung

rakteristiken *die* entscheidende Rolle bei der Ermittlung von Lösungen darstellen. Dabei kommt der (jetzt lokalen) Wellengeschwindigkeit eine besondere Rolle zu. Weil wir im Zusammenhang mit dem Fundamentaldiagramm die Annahme (6.6) gemacht haben, ist die Abbildung $\rho \mapsto \frac{dq}{d\rho}$ eine monoton fallende Funktion. Daraus folgt:

Je dichter der Verkehr wird, um so kleiner wird die Wellengeschwindigkeit!

Weiterhin gilt wegen $q = \rho \cdot u(\rho)$

$$q'(\rho) = \rho u'(\rho) + u$$

(6.13)

Da die Autos nach einer unserer Generalannahmen langsamer werden, wenn die Dichte wächst, gilt $u'(\rho) \leq 0$. Damit und mit (6.13) folgt

$$q'(\rho) \leq u,$$

d.h. die Dichtewellen bewegen sich *stets* langsamer als die Autos!

6.4.5 Anfahrvorgang an einer grünen Ampel

Wir wollen nun die Entwicklung des Verkehrs untersuchen, nachdem eine vorher rote Ampel auf grün springt. Die Ampel befinde sich bei $x = 0$. Zur Zeit $t = 0$ stehen vor der Ampel die Autos Stoßstange an Stoßstange, während hinter der Ampel die Straße völlig frei ist. Diese Situation wird beschrieben durch die Anfangswertfunktion

$$\rho(x, 0) = \left\{ \begin{array}{ll} \rho_{max} & ; \quad x < 0 \\ 0 & ; \quad x > 0 \end{array} \right. .$$

Welche Lösung stellt sich unter Vorgabe dieser Funktion für unsere Differenzialgleichung

$$\frac{\partial \rho}{\partial t} + q'(\rho)\frac{\partial \rho}{\partial x} = 0$$

ein? Für die Charakteristiken gilt mit (6.13)

$$\frac{dx}{dt} = q'(\rho) = \rho \cdot u'(\rho) + u.$$

Für $x > 0$ ist $\rho(x, 0) = 0$, also

$$\frac{dx}{dt} = q'(0) = u = u_{max} \geq 0,$$

und damit

$$x(t) = u_{max}t + \text{const.}$$

Für $x < 0$ ist $\rho = \rho_{max}$ und damit $u = 0$. Für die Charakteristiken folgt mit (6.13)

$$\frac{dx}{dt} = q'(u_{max}) = \rho_{max}u'(\rho_{max}) \leq 0,$$

da $u'(\rho_{max}) \leq 0$ gilt. Damit bieten die Charakteristiken das in Abbildung 6.16 gezeigte Bild. Betrachten wir die linke Charak-

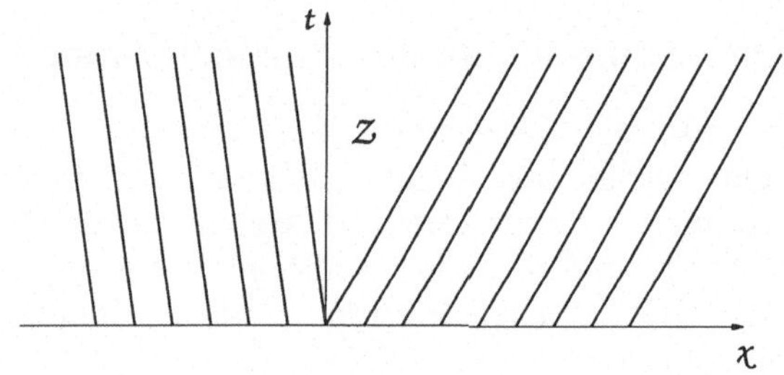

Bild 6.16: Charakteristiken für den Anfahrvorgang

teristik, die bei $t = 0$ durch $x = 0$ verläuft. Ist die Ampel grün geworden und eine gewisse Zeit t verstrichen, dann stehen immer noch alle diejenigen Autos, die zur Zeit t links von dieser Charakteristik stehen, mit anderen Worten: alle Autos mit einer Postion

$$x \leq \rho_{max}u'(\rho_{max})t$$

stehen zur Zeit t nach dem Umschalten der Ampel noch immer. Nun können wir umgekehrt fragen, wie lange ein Autofahrer auf sein Anfahren nach Umschalten der Ampel warten muss, wenn er auf der Position x steht. Dazu betrachten wir Abbildung 6.17. Die Position des n-ten Autos ist gegeben durch

$$x = -(n-1)L,$$

wenn ein Auto die Länge L hat. Unsere Frage ist äquivalent mit der Frage, wann die durch $x = 0$ bei $t = 0$ verlaufende linke

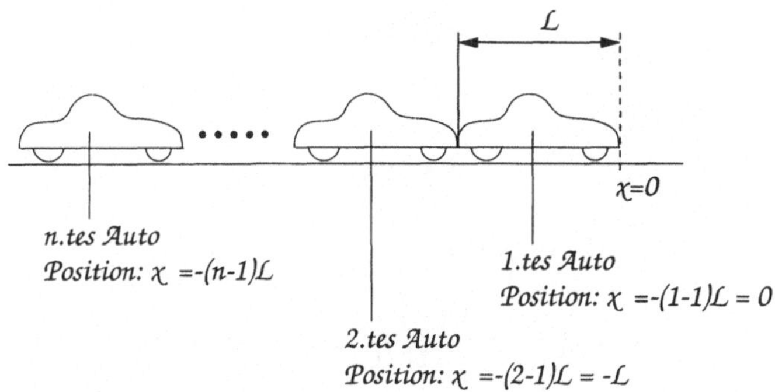

Bild 6.17: Autos vor der Ampel

Charakteristik die Position des n-ten Autos erreicht hat. Das ist offenbar genau dann der Fall, wenn

$$-(n-1)L \stackrel{!}{=} \rho_{max}u'(\rho_{max})t \quad \Leftrightarrow \quad t = -\frac{(n-1)L}{\rho_{max}u'(\rho_{max})}.$$

Eine sicherlich interessantere Frage ist die nach dem Zwickel Z in Abbildung 6.16, in dem die Lösung *nicht* durch die Charakteristiken bestimmt wird. Zur Klärung dieser Frage betrachten wir ein gestörtes Problem nach Abbildung 6.18. In einem Streifen der Breite Δx symmetrisch um $x = 0$ wird die Anfangsverteilung der Dichte als linear angenommen. Je kleiner Δx, umso steiler wird diese lineare Verbindung. Für die Charakteristiken bedeutet das, dass in dem so entstehenden Zwickel um $x = 0$ alle Steigungen zwischen $1/(\rho_{max}u'(\rho_{max}))$ und $1/u_{max}$ auftreten und sich damit ein Fächer von Charakteristiken bildet.
Nun führen wir formal den Grenzübergang $\Delta x \to 0$ aus. Damit entwickelt $\rho(x, 0)$ bei $x = 0$ eine Sprungunstetigkeit und alle Charakteristiken im Zwickel gehen nun bei $t = 0$ durch $x = 0$. Diese Lösung im Zwickel nennt man einen **Verdünnungsfächer** oder eine **Verdünnungswelle**. Für die Verdünnungswelle folgt aus der Gleichung der Charakteristiken unmittelbar

$$q'(\rho) = \frac{x}{t}.$$

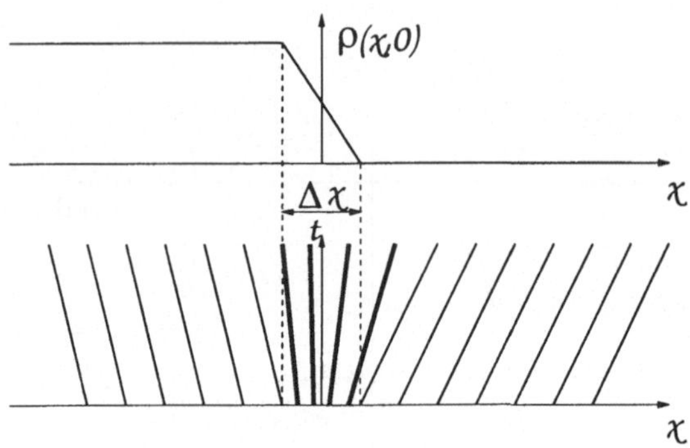

Bild 6.18: Gestörtes Problem

Solche Lösungen nennt man auch **Ähnlichkeitslösungen**.

Als äußerst erstaunliche Eigenschaft nichtlinearer Differenzialgleichungen bemerken wir, dass solche Gleichungen aus unstetigen Anfangswerten offenbar *instantan*, d.h. sofort, glatte Lösungen produzieren! Halten Sie sich vor Augen, dass dies tatsächlich eine nichtlineare Eigenschaft ist. Lineare Gleichungen weisen ein solches Verhalten grundsätzlich nicht auf.

Umgekehrt kann eine nichtlineare Gleichung auch aus einer beliebig glatten Anfangswertfunktion in endlicher Zeit eine unstetige Funktion erzeugen. Um diesen Vorgang verstehen zu können, müssen wir uns erst die Eigenschaften unstetiger Lösungen aneignen.

6.4.6 Unstetige Verkehrsdichte

Wir betrachten eine Verkehrsdichte, in der sich eine Sprungunstetigkeit zeitlich mitbewegt. Die Position dieser Unstetigkeit sei $t \mapsto x_S(t)$. Sind solche Dichteverteilungen überhaupt sinnvoll? Ja, denn wir können uns sehr leichten Verkehr vorstellen, der mit konstanter Geschwindigkeit hinter einer gleich schnellen Kolonne schweren Verkehrs fährt.

In einem solchen Fall kann die Differenzialgleichung $\frac{\partial \rho}{\partial t} +$

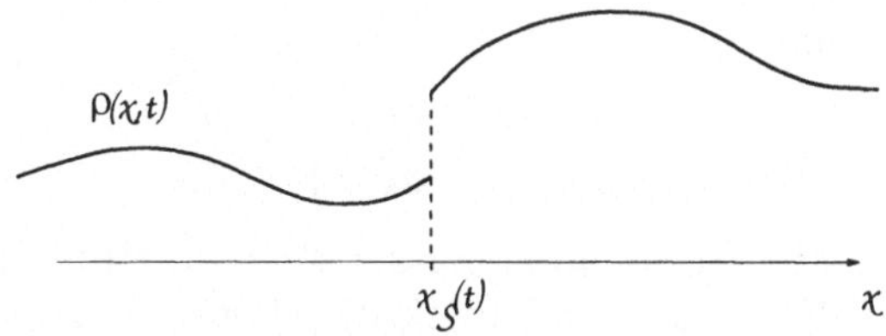

Bild 6.19: Zeitlich bewegte Unstetigkeit

$\frac{\partial}{\partial x} q(\rho) = 0$ nicht mehr gültig sein und wir wenden uns daher wieder dem integralen Erhaltungssatz (6.4) zu und betrachten ein kleines, zeitfestes Intervall $[x_1, x_2]$ und einen kleinen Zeitabschnitt, so dass $x_1 < x_S(t) < x_2$ gilt. Für die Anzahl der Autos in $[x_1, x_2]$ gilt

$$N(t) = \int_{x_1}^{x_2} \rho(x,t)\,dx = \int_{x_1}^{x_S(t)} \rho(x,t)\,dx + \int_{x_S(t)}^{x_2} \rho(x,t)\,dx$$

und damit erhalten wir für die zeitliche Änderung

$$\begin{aligned}
\frac{d}{dt}N(t) &= \frac{d}{dt}\int_{x_1}^{x_2} \rho(x,t)\,dx \\
&= \frac{d}{dt}\int_{x_1}^{x_S(t)} \rho(x,t)\,dx + \frac{d}{dt}\int_{x_S(t)}^{x_2} \rho(x,t)\,dx.
\end{aligned}$$

Wir können keine der Ableitungen am Integral vorbeiziehen, denn im ersten Fall ist der Integrand unstetig und in den beiden folgenden Integralen hängt jeweils eine der Integrationsgrenzen von t ab. Das letzte Problem ist lösbar! Wir erinnern Sie an die folgende Ableitungsregel:
Es sei

$$G(\phi, \psi, t) := \int_{\phi}^{\psi} f(x,t)\,dx, \quad \phi = \phi(t), \psi = \psi(t).$$

Wir bestimmen die Ableitung von G nach t mit Hilfe der Kettenregel. Es gilt

$$\frac{dG}{dt} = \frac{\partial G}{\partial \phi}\frac{d\phi}{dt} + \frac{\partial G}{\partial \psi}\frac{d\psi}{dt} + \frac{\partial G}{\partial t}.$$

Die beiden ersten Summanden lassen sich mit Hilfe des Hauptsatzes der Differenzial- und Integralrechnung bestimmen, der dritte Summand ist das Integral über den abgeleiteten Integranden, m.a.W.

$$\frac{dG}{dt} = -f(\phi, t)\frac{d\phi}{dt} + f(\psi, t)\frac{d\psi}{dt} + \int_\phi^\psi \frac{\partial f}{\partial t}(x, t)\, dx.$$

Wenden wir diese Ableitungsregel auf unsere beiden Teilintegrale $\frac{d}{dt}\int_{x_1}^{x_S(t)} \cdots dx$ und $\frac{d}{dt}\int_{x_S(t)}^{x_2} \cdots dx$ an, dann folgt

$$\frac{d}{dt}\int_{x_1}^{x_S(t)} \rho(x, t)\, dx = \rho(x_S^-, t)\frac{dx_S}{dt} + \int_{x_1}^{x_S(t)} \frac{\partial \rho}{\partial t}(x, t)\, dx,$$

$$\frac{d}{dt}\int_{x_S(t)}^{x_2} \rho(x, t)\, dx = -\rho(x_S^+, t)\frac{dx_S}{dt} + \int_{x_S(t)}^{x_2} \frac{\partial \rho}{\partial t}(x, t)\, dx,$$

wobei $x_S^\pm$ den links- bzw. rechtsseitigen Grenzwert bei $x_S(t)$ bezeichnet. Damit ergibt sich in der Summe

$$\frac{d}{dt}N(t) = \frac{d}{dt}\int_{x_1}^{x_2} \rho(x, t)\, dx =$$

$$= (\rho(x_S^-, t) - \rho(x_S^+, t))\frac{dx_S}{dt}$$

$$+ \int_{x_1}^{x_S(t)} \frac{\partial \rho}{\partial t}(x, t)\, dx + \int_{x_S(t)}^{x_2} \frac{\partial \rho}{\partial t}(x, t)\, dx.$$

Wegen (6.4) gilt aber für die linke Seite

$$\frac{d}{dt}\int_{x_1}^{x_2} \rho(x, t)\, dx = q(x_1, t) - q(x_2, t),$$

womit wir endlich

$$q(x_1, t) - q(x_2, t) = (\rho(x_s^-, t) - \rho(x_S^+, t))\frac{dx_s}{dt} + \int_{x_1}^{x_2} \frac{\partial \rho}{\partial t}\, dx$$

erhalten. Nun denken wir uns $|x_1-x_2|$ beliebig klein. Dann gehen x_1 und x_2 gegen x_S^- bzw. x_S^+ und die Integrale verschwinden. Es bleibt die interessante **Sprungbedingung**

$$\frac{dx_S}{dt} = \frac{[q]}{[\rho]} := \frac{q(x_S^-,t) - q(x_S^+,t))}{\rho(x_S^-,t) - \rho(x_S^+,t)} = \frac{\rho_2 u(\rho_2) - \rho_1 u(\rho_1)}{\rho_2 - \rho_1}$$

$$(6.14)$$

mit $\rho_1 := \rho(x_S^-,t), \rho_2 := \rho(x_S^+,t)$ usw. Die Klammer in $[q] := q_2 - q_1$ usw. heißt **Sprungklammer**.

Eine Unstetigkeit in der Dichte, die (6.14) erfüllt, heißt **Stoß** oder auch **Verdichtungsstoß**. Die Gleichung (6.14) heißt auch nach zwei berühmten Gasdynamikern **Rankine-Hugoniot-Bedingung**. Der Dichtesprung $[\rho]$ über einen Stoß heißt **Stoßstärke**.

Die Stoßgeschwindigkeit $\frac{dx_S}{dt}$ hat eine schöne graphische Entsprechung im Fundamentaldiagramm. Betrachte in Abbildung 6.20 die gestrichelte Gerade durch (ρ_1, q_1) und (ρ_2, q_2). Hier trifft offenbar leichter Verkehr auf schweren Verkehr. Die Steigung der Geraden ist $\frac{q_2-q_1}{\rho_2-\rho_1}$, entspricht also genau der Stoßgeschwindigkeit! Am Beispiel der gestrichelten Geraden durch (ρ_1, q_1) und (ρ_3, q_3) sieht man, dass die Stoßgeschwindigkeit auch negativ sein kann. Betrachten wir noch einmal das Beispiel des durch einen Stoß getrennten leichten und schweren Verkehrs in einem Intervall $[a,b]$. Zur Zeit $t = \Delta t$ ist der Stoß um Δx_S gewandert. Das in Abbildung 6.21 schraffierte Rechteck ist gerade $\frac{d}{dt}\int_a^b \rho(x,t)\,dx$, also die Änderung der Anzahl der Autos in $[a,b]$. Aus der Abbildung liest man ab, dass diese Änderung gerade

$$N(\Delta t) - N(0) = -\Delta x_S(\rho_2 - \rho_1)$$

beträgt. Andererseits fahren in Δt über $x = a$

$$\Delta t q_1 = \Delta t \rho_1 u(\rho_1)$$

Autos und über $x = b$ gerade $\Delta t q_2$ Autos, denn q ist dort jeweils konstant. Da die Änderung der Anzahl der Autos in $[a,b]$ nur

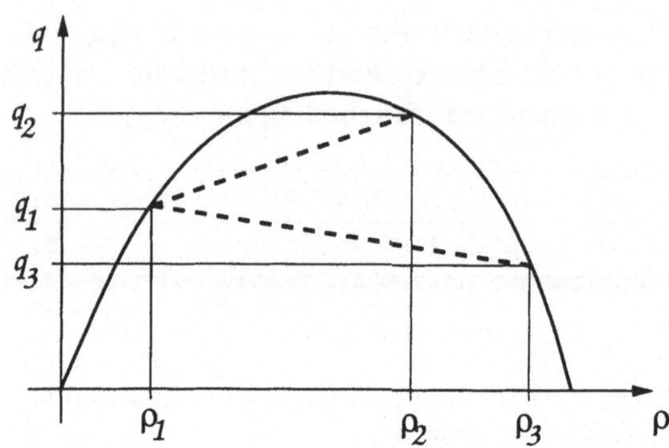

Bild 6.20: Graphische Veranschaulichung der Stoßgeschwindigkeit

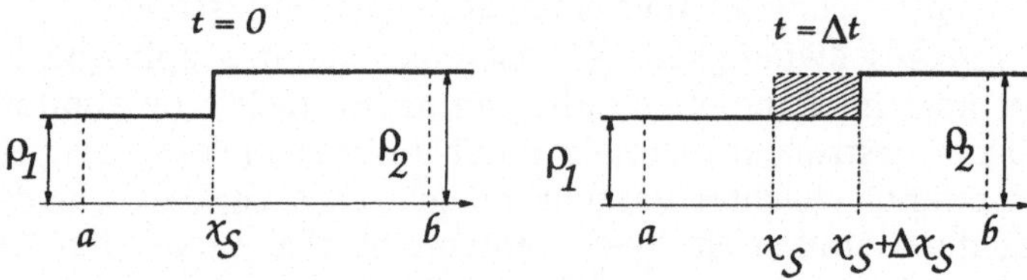

Bild 6.21: Bewegung eines Stoßes

durch Fahrt über die Grenzen a und b bewerkstelligt werden kann, folgt

$$\Delta t q_1 - \Delta t q_2 = -\Delta x_S(\rho_2 - \rho_1),$$

also

$$\frac{\Delta x_S}{\Delta t} = \frac{q_1 - q_2}{\rho_1 - \rho_2} = \frac{[q]}{[\rho]},$$

wir haben also die vorher analytisch ermittelte Stoßgeschwindigkeit an Hand dieses Beispiels wiedergefunden.
Nun sind wir gerüstet, uns weiteren Verkehrsproblemen zu widmen.

6.4.7 Anhalten vor einer roten Ampel

Wir betrachten einen gleichförmigen Verkehr $\rho = \rho_0 < \rho_{max}$, der vor einer roten Ampel bei $x = 0$ zur Zeit $t = 0$ angehalten wird. Der Stopp soll verzögerungsfrei geschehen und uns interessiert nur der Verkehr *vor* der Ampel, nicht der dahinter!

Die Ampel wird durch eine **Randbedingung** bei $x = 0$ modelliert, und zwar wird die Ampel ersetzt durch eine stehende Schlange von Autos ab $x = 0$, d.h. durch $\rho = \rho_{max}$ bei $x = 0$ *für alle* Zeiten $t \geq 0$. Betrachten wir den Fall schweren Verkehrs, vergl. Abbil-

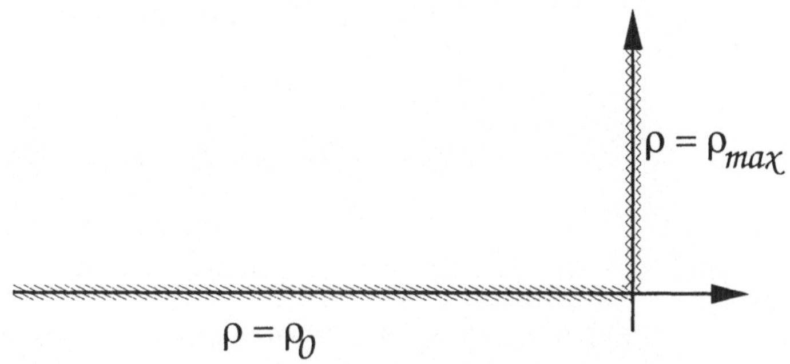

Bild 6.22: Modellierung einer Ampel durch Randbedingung

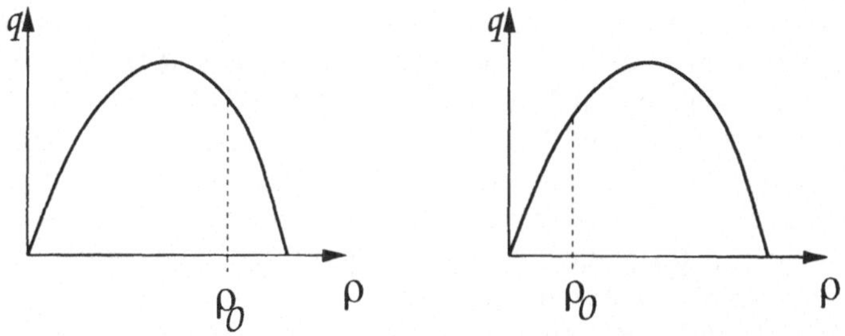

Bild 6.23: Dichte in schwerem (links) und leichtem Verkehr

dung 6.23. Dann gilt $q'(\rho_0) < 0$ und $q'(\rho_{max}) < q'(\rho_0)$. Damit folgt für die Steigungen der Charakteristiken

$$\frac{1}{q'(\rho_{max})} > \frac{1}{q'(\rho_0)}$$

und wir erhalten Abbildung 6.24. Im Fall leichten Verkehrs (Ab-

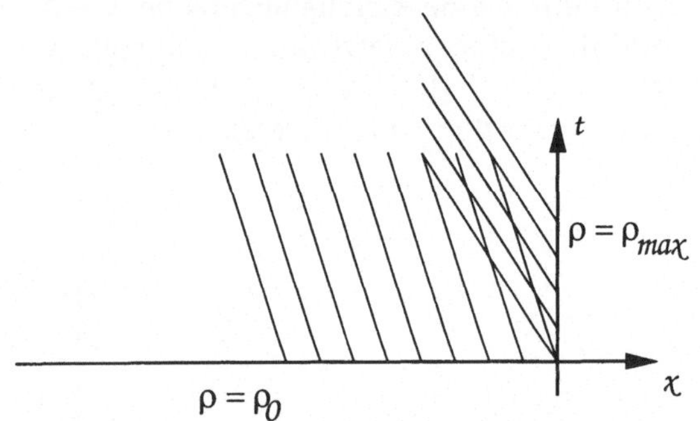

Bild 6.24: Charakteristiken in schwerem Verkehr

bildung 6.23) gilt $q'(\rho_0) > 0$, aber wieder $q'(\rho_{max}) < q'(\rho_0)$, also

$$\frac{1}{q'(\rho_{max})} > \frac{1}{q'(\rho_0)}$$

und damit liegt die Situation aus Abbildung 6.25 vor. In beiden Fällen kommt es also zur **Überschneidung von Charakteristiken**. Da die Dichte auf den Charakteristiken jeweils konstant ist, und zwar einmal mit dem Wert ρ_0 und einmal mit $\rho_{max} \neq \rho_0$, liegt im Überschneidungsgebiet eine mehrwertige Lösung vor. Um diesen praktisch unmöglichen Fall auszuschließen, führen wir eine Sprungunstetigkeit ein, um die Charakteristiken nach Abbildungen 6.26 zu trennen. Ein solcher Stoß muss der Rankine-Hugoniot-Bedingung (6.14) genügen, d.h. die Stoßgeschwindigkeit muss

$$\frac{dx_S}{dt} = \frac{[q]}{[\rho]} = \frac{\rho_{max}u(\rho_{max}) - \rho_0 u(\rho_0)}{\rho_{max} - \rho_0}$$

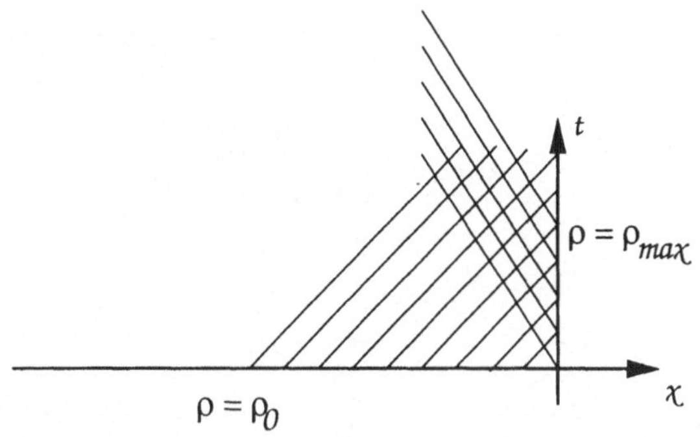

Bild 6.25: Charakteristiken in leichtem Verkehr

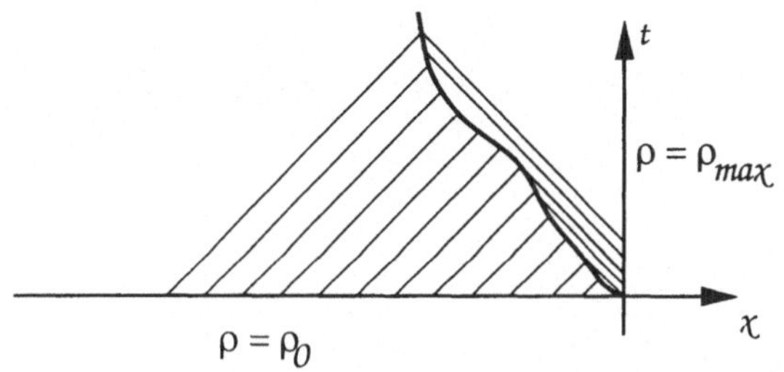

Bild 6.26: Ein Stoß trennt die Charakteristiken

sein. Wegen $u(\rho_{max}) = 0$ bleibt

$$\frac{dx_S}{dt} = -\frac{\rho_0 u(\rho_0)}{\rho_{max} - \rho_0} < 0,$$

was der heuristischen Bewegungsrichtung des Stoßes in Abbildung 6.26 entspricht. Gleichzeitig erkennen wir, dass die Steigung des Stoßes *konstant* ist, d.h. **der Stoß ist eine Gerade** der Steigung $-\rho_0 u(\rho_0)/(\rho_{max} - \rho_0)$. Nach Integration folgt

$$x_S(t) = -\frac{\rho_0 u(\rho_0)}{\rho_{max} - \rho_0} t + c.$$

Da der Stoß zur Zeit $t = 0$ durch $x = 0$ verläuft (dort ist schließlich die Ampel) muss $x_S'(0) = 0$, also $c = 0$ gelten. Damit ist der Stoß gegeben durch

$$x_S(t) = -\frac{\rho_0 u(\rho_0)}{\rho_{max} - \rho_0} t.$$

7 Dem Zufall keine Chance?

Bisher war in unseren Modellen nichts dem Zufall überlassen. Das wäre ja auch noch schöner, wenn Modelle von einem Zufall bestimmt würden, oder?

Na, jetzt haben wir Sie auf einen ganz falschen Dampfer geführt, denn der Zufall spielt in modernen Modellen eine immer größere Rolle! Es gibt sogar einige weltbekannte Numerikspezialisten, die in den nächsten 10 Jahren kaum noch Modelle *ohne* eine gewisse Zufälligkeit vorhersagen. Wir wollen uns daher auch ein wenig mit diesen sogenannten *stochastischen*[1] Modellen (im Gegensatz zu den *deterministischen* Modellen) befassen, bei denen gewisse Wahrscheinlichkeiten eine wichtige Rolle spielen.

7.1 Zur Berechnung von Fläche und Volumen

Niemand wird wirklich an zufällige Ereignisse denken, wenn es um die Berechnung von Flächeninhalten oder Volumina geht. Gerade hier aber haben sich stochastische Methoden einen festen Platz erkämpft! Denken Sie an ein sehr kompliziertes Werkstück $\Omega \subset \mathbf{R}^3$, das von verschiedensten Flächenstückchen begrenzt wird. Die Volumenberechnung über die Formel

$$V(\Omega) = \iint_{\Omega} \mathrm{d}x$$

ist dann im allgemeinen zum Scheitern verurteilt! Gibt man einen Datensatz von Oberflächenpunkten in einen Computer

---

[1] *Stochastik* ist das vornehme Wort für *Wahrscheinlichkeitsrechnung*.

ein, dann kann man aber sehr einfach bestimmen, ob ein Punkt im Raum inner- oder außerhalb des Körpers liegt[2]! Das nutzen wir nun aus! Wir packen das Werkstück in eine Kiste, die groß genug ist, um das Werstück wirklich zu erfassen. Dann wählen wir einen Schützen aus, und lassen ihn sehr oft auf die Kiste schießen. Dabei nehmen wir an, dass alle Geschosse in dem von der Kiste umschlossenen Raum steckenbleiben. Außerdem soll der Schütze *kein* Kunstschütze sein, sondern alle seine Schüsse sollen sich gleichmäßig auf die Kiste verteilen. Wenn wir dann die Kiste öffnen und die Kugeln zählen, ergibt sich folgende Idee zur Bestimmung des Volumens des Werkstücks: Ist N_a die Anzahl der Kugeln außerhalb des Werkstücks (aber in der Kiste) und N_i die Anzahl der Kugeln, die im Inneren des Werkstückes steckengeblieben sind, dann hat das Volumen des Werkstückes sicher etwas mit dem Quotienten

$$\frac{N_i}{N_a + N_i}$$

zu tun! Lassen Sie uns ein einfaches Beispiel studieren.
Wir wollen die Fläche unter der Funktion $x \mapsto \sin x$ im Intervall $[0, \pi]$ bestimmen. Natürlich ist das trivial, denn es gilt

$$A := \int_0^\pi \sin x\, dx = -\cos x\big|_0^\pi = 2.$$

Nun umgeben wir die Funktion mit einer 'Kiste', die durch das Rechteck $[0, \pi] \times [0, 1]$ gegeben sei. In diesem Rechteck ist der Graph unserer Funktion wie auch die Fläche unter dem Graphen enthalten. Nun müssten wir eigentlich zufällig in diese 'Kiste' schießen und die Treffer zählen. Statt dessen unterteilen wir das Intervall $[0, \pi]$ in N Teile

$$x_i = i \cdot \varepsilon, \quad i = 0, 1, \ldots, N, \quad \varepsilon := \frac{\pi}{N}.$$

In jedem 'Streifen' der Breite ε 'schiessen' wir nun zufällig in y-Richtung von $y = 0$ bis $y = 1$ (das ist die Höhe unserer 'Kiste').

---

[2]Na, ganz so einfach ist es nicht, aber es ist zu bewältigen!

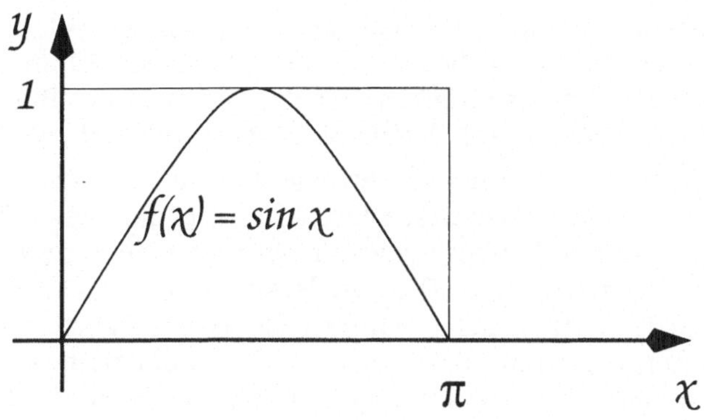

Bild 7.1: Flächenbestimmung

Wir wählen also eine Zahl $\xi \in [0,1]$ zufällig aus. Ist diese Zahl kleiner oder gleich dem Funktionswert $\sin x_i$, so notieren wir einen Treffer. Die Anzahl der Treffer sei η_i. Dann berechnen wir

$$I := \varepsilon \sum_{i=0}^{N} \frac{\eta_i}{M}.$$

Setzen wir die Definition von ε ein, so ist

$$I = \sum_{i=0}^{N} \frac{\pi \eta_i}{MN}.$$

In der Tat ist die Gesamtzahl der Treffer $\sum_{i=0}^{n} \eta_i$ und die Anzahl der 'Schüsse' insgesamt ist $M \cdot N$. Damit ist der Flächeninhalt unter $\sin x$ (bis auf den Skalierungsfaktor π) gerade $\frac{\sum_{i=0}^{N}}{MN} = \sum_{i=0}^{N} \frac{\eta_i}{MN}$, was unserer Ausgangsüberlegung entspricht.
Daher können wir schreiben:

$$\int_{0}^{\pi} \sin x \, dx \approx \varepsilon \sum_{i=0}^{N} \frac{\eta_i}{M}.$$

Übungsaufgabe: Schreiben Sie ein Java-Programm `Zufallintegral.java` zur Berechnung des obigen Integrals.

Verwenden Sie eine Endlosschleife `do ... while(1==1)`, so dass
Sie immer wieder ein neues N und M eingeben können. Verwenden Sie zum eigentlichen 'Schießen' den in der Bibliothek
`java.lang.*` definierten **Zufallszahlengenerator** `Math.random()`.

Die Funktion `Math.random()` erzeugt eine zufällige `double`-Zahl
zwischen 0 und 1. Das besondere daran ist, dass keine Zahl in
diesem Intervall häufiger gewählt wird als eine andere – mathematisch gesprochen: Die **Zufallsvariable** ξ `:=Math.random()`
ist in $[0, 1]$ **gleichverteilt**. Nun scheint es unmöglich, dass ein
Computerprogramm, das doch so deterministisch ist, eine
ganz zufällige Zahl wählen kann. In der Tat ist dies auch gar
nicht möglich! Echte Zufallszahlengeneratoren existieren nur
in unserem Kopf. Jede Implementierung auf einem Computer
muss notwendig unperfekt sein – es kommt zu Wiederholungen
oder, schlimmstenfalls, kommen einige Zahlen deutlich häufiger
vor als andere. Man spricht daher von **Pseudozufallszahlenge-
neratoren**. Die Entwicklung solcher Algorithmen ist eine Kunst
für sich und wir verweisen Sie gerne auf die (vorzüglichen!)
Bücher von Donald Knuth – in diesem Fall auf Band 2 [21].
Damit sind alle Geheimnisse von `Zufallintegral.java` aufge-
deckt. Bei Eingabe von 100 Unterteilungen und 100 Schüssen
ergibt sich in meinem Programm:

```
Anzahl der Teilintervalle N --->
100
Schuesse in jedem Teilint. M --->
100
Integral = 1.9934833383687962


Fehler   = 0.006516661631203791
```

bei 1000 Unterteilungen und 1000 Schüssen folgt

```
Anzahl der Teilintervalle N --->
1000
Schuesse in jedem Teilint. M --->
1000
Integral = 1.999795112977116
```

```
Fehler   = 2.0488780228844483E-4
```

Nicht schlecht für eine 'zufällige' Methode, oder? Man nennt die Klasse von Methoden, bei denen eine Zufallskomponente eine entscheidende Rolle spielt, **Monte-Carlo-Methoden**, weil sich in Monte Carlo ein sehr berühmtes Spielkasino befindet, in dem es schließlich auch um den Zufall geht[3]!

Übungsaufgabe: Schreiben Sie in Java einen Monte-Carlo-Algorithmus, um die schraffierte Fläche der folgenden Figur zu berechnen.

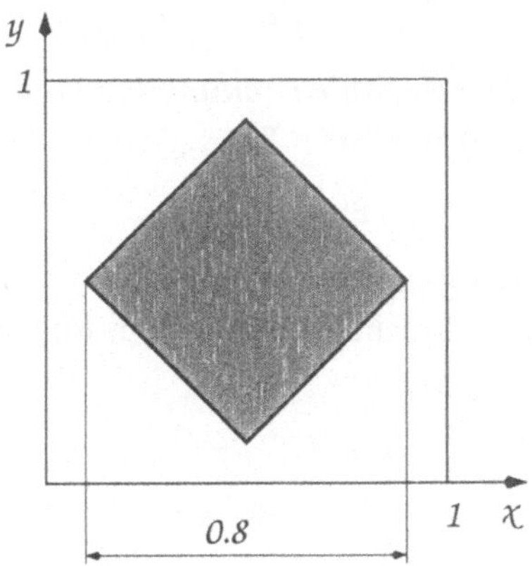

7.2　Die Mathematik des Zufalls

Die Erfindung der **zufälligen Variablen** (oder **Zufallsvariablen**) war eine Revolution, die die Entwicklung der Stochastik als ernstzunehmende mathematische Disziplin ermöglicht hat. Wir

---

[3]Der Name ist den Methoden von ihren Erfindern, **John von Neumann** und **Stanislaw Ulam**, aus Jux gegeben worden!

wollen an dieser Stelle diesen Begriff *nicht* mathematisch exakt fassen, sondern intuitiv deuten. Demnach ist eine Zufallsvariable ξ eine Funktion, die gewisse Werte in zufälliger Art und Weise annimmt, und zwar mit einer gewissen Wahrscheinlichkeit. Auch den Begriff der Wahrscheinlichkeit wollen wir intuitiv fassen. Tritt ein Ereignis mit Wahrscheinlichkeit 1 ein, dann ist dieses Ereignis *sicher*. Tritt ein Ereignis mit Wahrscheinlichkeit 0 ein, dann tritt es nicht ein!

Beginnen wir mit einer diskreten Welt, in der eine Zufallsvsariable nur endlich viele Werte x_i mit zugehöriger Wahrscheinlichkeit $p_i, i = 1, \dots, n$ annehmen kann. Man schreibt dann

$$\xi = \begin{pmatrix} x_1 & x_2 & \dots & x_n \\ p_1 & p_2 & \dots & p_n \end{pmatrix}.$$

Für die Aussage *Die Variable ξ nimmt den Wert x_i mit der Wahrscheinlichkeit p_i* an schreiben wir

$$\mathbf{P}\{\xi = x_i\} = p_i.$$

Da wir die Wahrscheinlichkeiten zwischen 0 und 1 festgesetzt haben, müssen die Wahrscheinlichkeiten p_i folgende Bedingungen erfüllen:

1. Für alle $i = 1, \dots, n$ gilt

$$p_i > 0,$$

2.

$$\sum_{i=1}^{n} p_i = 1.$$

Wir können nun ein Modell des Würfelns mit einem Standardwürfel entwerfen. Da bei einem idealen Würfel jede Zahl mit gleicher Wahrscheinlichkeit fällt, folgt

$$\xi = \begin{pmatrix} 1 & 2 & 3 & 4 & 5 & 6 \\ \frac{1}{6} & \frac{1}{6} & \frac{1}{6} & \frac{1}{6} & \frac{1}{6} & \frac{1}{6} \end{pmatrix}.$$

Die Zahl

$$E\xi := \frac{\sum_{i=1}^{n} x_i p_i}{\sum_{i=1}^{n} p_i} = \sum_{i=1}^{n} x_i p_i$$

heißt **Erwartungswert** der Zufallsvariablen ξ. Im Fall unseres Würfels ist der Erwartungswert

$$E\xi = 1\frac{1}{6} + 2\frac{1}{6} + 3\frac{1}{6} + 4\frac{1}{6} + 5\frac{1}{6} + 6\frac{1}{6} = \frac{21}{6} = 3.5.$$

Die Zufallsvariable im Fall des Würfelns nennt man **gleichverteilt**, da alle diskreten Werte von ξ mit gleicher Wahrscheinlichkeit angenommen werden.

Im Gegensatz zur diskreten Sicht heißt eine Zufallsgröße ξ **kontinuierlich**, wenn alle Werte aus einem Intervall $[a, b]$ angenommen werden. Eine kontinuierliche Zufallsgröße ist bestimmt durch Angabe des Werteintervalls $[a, b]$ ($a = -\infty$ und $b = \infty$ zugelassen) und einer **Wahrscheinlichkeitsdichtefunktion** p, so dass

$$P\{c \le \xi \le d\} := \int_c^d p(x)\,dx$$

für alle Intervalle $[c, d] \subset [a, b]$ gilt. Man sieht sehr leicht, daß die beiden Bedingungen (vergleichen Sie mit den Bedingungen im diskreten Fall!)

1. für alle $x \in [a, b]$ gilt

$$p(x) > 0,$$

2.

$$\int_a^b p(x)\,dx = 1,$$

gelten müssen. Wie auch im diskreten Fall gibt es den **Erwartungswert**

$$E\xi := \frac{\int_a^b x p(x)\,dx}{\int_a^b p(x)\,dx} = \int_a^b x p(x)\,dx.$$

Eine kontinuierliche Zufallsvariable heißt **gleichverteilt**, falls

$$\forall x \in [a, b]: \quad p(x) = \frac{1}{b-a}$$

gilt.

Häufig benötigt man andere Verteilungen und vielleicht haben Sie schon einmal von der **Binomial**- oder **Poissonverteilung** gehört, ganz sicher kennen Sie aber die berühmte **Normalverteilung**, die auf Carl Friedrich Gauß zurückgeht und durch

$$p(x) = \frac{1}{\sqrt{2\pi}\sigma} e^{\frac{-(x-a)^2}{2\sigma^2}}$$

mit Zahlen a und $\sigma > 0$ auf der gesamten reellen Achse definiert ist. Abbildung 7.2 zeigt die Normalverteilung für $a = 0$ und $\sigma = 1$. Warum sollten Sie von dieser Wahrscheinlichkeits-

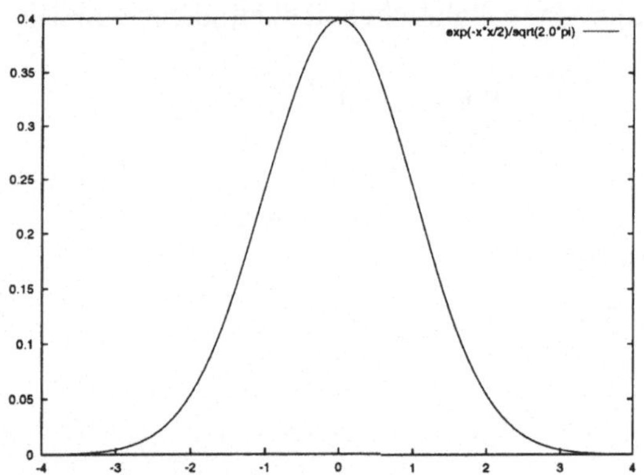

Bild 7.2: Normalverteilung

dichtefunktion gehört haben? Nun, zum einen befindet sie sich auf jedem Zehnmarkschein[4] (siehe Abbildung 7.3), zum anderen tun Sie aber später im Berufsleben gut daran, die Zensuren der

---

[4]Im Zeitalter des Euro wird dieser schöne Geldschein bald nur noch Geschichte sein!

Schülerinnen und Schüler in Ihren Klassenarbeiten nach dieser Verteilung zu vergeben! Dabei sollten die Dreien am häufigsten vorkommen, also in der Mitte liegen. Besonders gute Arbeiten und sauschlechte sind dagegen erfahrungsgemäß selten. Ich habe selbst Lehrer gehabt, die nach einer katastrophal ausgefallenen Mathe-Klausur ihre Normalverteilung etwas verschoben haben, damit die Arbeit überhaupt gewertet werden konnte! Für uns wichtig an dieser Stelle ist nur die Bemerkung, dass wir

Bild 7.3: Normalverteilung auf dem Zehnmarkschein

trotz allem nur gleichverteilte Zufallszahlengeneratoren benötigen! Jede andere Verteilung lässt sich offenbar durch Anwendung einer Transformationsregel auf die gleichverteilten Werte erzielen.

7.3 Numerische Berechnung von Wahrscheinlichkeiten

Will man die Wahrscheinlichkeit berechnen, das eine kontinuierliche Zufallsgröße ξ einen Wert aus dem Intervall $[a, b]$ annimmt, dann ist nach unseren Ausführungen im vorherigen Abschnitt das Integral

$$\mathbf{P}\{a \leq \xi \leq b\} = \int_a^b p(x)\, dx$$

mit einer Wahrscheinlichkeitsdichtefunktion p zu berechnen. Ist p die Normalverteilung, dann ist

$$\int_a^b p(x)\, dx = \int_a^b \frac{1}{\sqrt{2\pi}\sigma} e^{\frac{-(x-a)^2}{2\sigma^2}}\, dx = \frac{1}{\sqrt{2\pi}\sigma} \int_a^b e^{\frac{-(x-a)^2}{2\sigma^2}}\, dx$$

auszurechnen. Es ist üblich, die neue Variable t durch die Substitution $\sigma t = x - a$ einzuführen. Damit erhalten wir das Integral

$$\frac{1}{\sqrt{2\pi}} \int_0^{\frac{b-a}{\sigma}} e^{t^2}\, dt.$$

Vielleicht ist Ihnen dieses Integral schon einmal begegnet, denn es ist sehr berühmt. Es ist eines jener zahllosen Integrale, das *nicht* in geschlossener Form lösbar ist! Im Gegensatz zur Differenziation ist Integration eben eine Kunst und kein Handwerk! Trotzdem werden die Werte unseres Integrals in der Wahrscheinlichkeitsrechnung benötigt und für praktische Zwecke finden Sie in der Tat große Tafeln, in denen Werte für dieses Integral tabelliert sind. Wie wurden diese Werte berechnet?

Diese Fragen berühren das Gebiet der **numerischen Quadratur**, also der numerischen Integration.

Nach unseren Ausführungen in Kapitel **3** scheint die numerische Quadratur durch ein einfaches Interpolationsproblem beherrschbar zu sein. Wollen wir

$$I := \int_a^b f(x)\, dx$$

für eine stetige Funktion f berechnen, dann wählen wir hinreichend viele Datenpunkte (x_i, f_i) mit

$$x_i = a + i\Delta x,\ f_i := f(x_i), \quad i = 0, 1, 2, \ldots, N,$$

und

$$\Delta x = \frac{b-a}{N},$$

und approximieren f durch ein Interpolationspolynom

$$p_{0,\dots,N}(x) = a_0 + a_1 x + a_2 x^2 + \cdots + a_N x^N,$$
$$p_{0,\dots,N}(x_i) = f_i, \quad i = 0,1,\dots,N,$$

vom Grad N. Bis auf einen gewissen Fehler (den wir nach unseren Ausflügen in Kapitel **3** berechnen können), ist dann

$$I \approx \int_a^b p_{0,\dots,N}(x)\, dx.$$

Polynome sind einfach zu integrieren und damit sind wir eigentlich mit der numerischen Quadratur fertig!

Wir wollen dieses Programm etwas genauer verfolgen. Verwenden wir die Lagrangeschen Basispolynome L_i nach (3.3), dann gilt auf $[a,b]$

$$p_{0,\dots,N}(x) = \sum_{i=0}^{N} f_i L_i(x) = \sum_{i=0}^{N} f_i \prod_{\substack{k=0\\ k\neq i}}^{N} \frac{x - x_k}{x_i - x_k}.$$

Setzen wir $x = a + s\Delta x$, $s \in [0, N]$, und $x_i = a + i\Delta x$, dann können wir das Lagrangesche Polynom auch als Funktion von s schreiben, denn

$$L_i(x) = \prod_{\substack{k=0\\ k\neq i}}^{N} \frac{x - x_k}{x_i - x_k} = \prod_{\substack{k=0\\ k\neq i}}^{N} \frac{a + s\Delta x - a - k\Delta x}{a + i\Delta x - a - k\Delta x} = \prod_{\substack{k=0\\ k\neq i}}^{N} \frac{s - k}{i - k} =: \ell_i(s).$$

Betrachten wir jetzt erneut das Integral $\int_a^b p_{0,\dots,N}(x)\, dx$, dann folgt mit Hilfe der Transformationsregel für Integrale

$$\int_a^b p_{0,\dots,N}(x)\, dx = \sum_{i=0}^{N} f_i \int_a^b L_i(x)\, dx = \sum_{i=0}^{N} f_i \int_0^N \ell_i(s)\Delta x\, ds$$

$$= \Delta x \sum_{i=0}^{N} f_i \int_0^N \ell_i(s)\, ds =: \Delta x \sum_{i=0}^{N} f_i w_i,$$

wobei wir die w_i als **Gewichte** bezeichnen wollen. Diese Gewichte hängen wegen

$$w_i = \int_0^N \ell_i(s)\, ds$$

nicht von f, sondern nur von N und den Intervallgrenzen a und b ab.

Die Integration für die Gewichte kann man exakt ausführen. Im Fall $N = 1$ gilt

$$w_0 = \int_0^1 \frac{s-1}{0-1}\, ds = \int_0^1 (1-s)\, ds = \frac{1}{2}$$

$$w_1 = \int_0^1 \frac{s-0}{1-0}\, ds = \int_0^1 s\, ds = \frac{1}{2},$$

also die Quadaturformel

$$\int_a^b p_{0,1}(x)\, dx = \frac{\Delta x}{2}\,(f(a) + f(b))$$

mit $\Delta x = (b - a)$. Dies ist die berühmte **Trapezformel**. Das Integral einer Funktion f ist näherungsweise der Flächeninhalt unterhalb der geraden Verbindung von $(a, f(a))$ mit $(b, f(b))$ wie in Abbildung 7.4 gezeigt, denn es gilt für diesen Flächeninhalt

$$\frac{1}{2}(f(b) - f(a))(b - a) + f(a)(b - a) = \frac{1}{2}(f(b) + f(a))\Delta x.$$

Im Fall $N = 2$ erhält man durch analoge Integrationen die **Keplersche Fassregel** oder **Simpson-Regel**

$$\int_a^b p_{0,1,2}(x)\, dx = \frac{\Delta x}{3}\left(f(a) + 4f\left(\frac{a+b}{2}\right) + f(b)\right)$$

mit $\Delta x = \frac{b-a}{2}$.

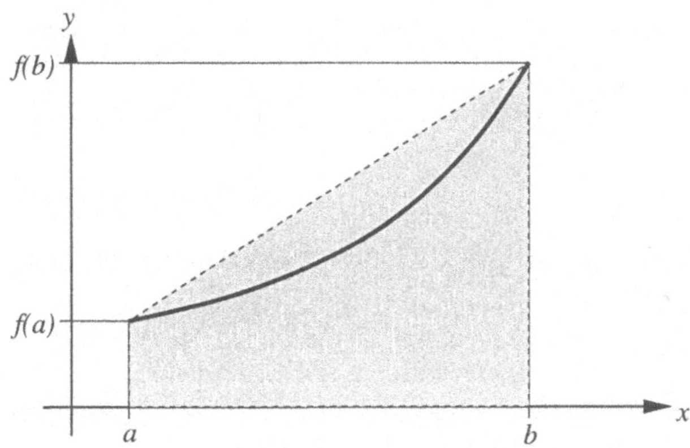

Bild 7.4: Die Trapezregel

Alle Quadraturformeln der Form

$$\int_a^b p_{0,\dots,N}(x)\,dx = \Delta x \sum_{i=0}^{N} f_i w_i, \quad f_i = f(a + i\Delta x), \quad \Delta x = \frac{b-a}{N},$$

heißen **Newton-Cotes-Formeln**. Ästhetisch sehr befriedigend ist die $\frac{3}{8}$-**Formel**, die man für $N = 3$ erhält:

$$\int_a^b p_{0,1,2,3}(x)\,dx = \frac{3\Delta x}{8}\left(f(a) + 3f(a + \Delta x) + 3f(a + 2\Delta x) + f(b)\right)$$

Diese Formel wurde als so schön empfunden, dass unsere Vorfahren ihr den Namen *Pulcherrima*, d.h. die Schönste, gegeben haben. Newton-Cotes-Formel machen Sinn bis $N = 6$ (das wäre die sogenannte Weddle-Regel), danach werden die Gewichte negativ und die Formeln numerisch instabil.

Es macht natürlich keinen Sinn, auf einem großen Intervall $[a, b]$ eine einzige Newton-Cotes zu verwenden. Daher unterteilt man die x-Achse und wendet auf jedem Teilintervall eine Newton-Cotes-Formel an. Für die Trapezregel erhält man dann bei einer

Unterteilung $x_i = a + i\Delta x$, $i = 0, 1, \ldots, n$, $\Delta x = (b - a)/n$:

$$\int_a^b p_{0,1}(x)\, dx = \sum_{i=0}^{n-1} \int_{x_i}^{x_{i+1}} \frac{\Delta x}{2}(f(x_i) + f(x_{i+1})),$$

also

$$\int_a^b p_{0,1}(x)\, dx = \Delta x \left(\frac{f(a)}{2} + f(a + \Delta x) + f(a + 2\Delta x) + \cdots \right.$$
$$\left. \ldots + f(b - \Delta x) + \frac{f(b)}{2} \right).$$

Die Erweiterung der anderen Newton-Cotes-Formeln durch diese wiederholte Anwendung ist wohl klar.

Man kann zeigen, dass in jedem Teilintervall $[x_i, x_{i+1}]$ der **Fehler** sich in der Form

$$\int_{x_i}^{x_{i+1}} p_{0,\ldots,N}(x)\, dx - \int_{x_i}^{x_{i+1}} f(x)\, dx = C\Delta x^{\rho+1} \frac{d^\rho f}{dx^\rho}(\xi),$$
$$\xi \in]x_i, x_{i+1}[$$

angeben lässt, wobei ρ und C von N, aber nicht von f abhängen. Für die Trapezregel gilt $K = 1/12$, $\rho = 2$, für die Keplersche Fassregel $K = 1/90$, $\rho = 4$ und für die $\frac{3}{8}$-Regel $K = 3/80$, $\rho = 4$. Damit ergibt sich für die Keplersche Fassregel *dieselbe* Genauigkeitsordnung wie für die $\frac{3}{8}$-Regel, obwohl für erstere ein quadratisches Polynom ($N = 2$), für das zweite ein kubisches Polynom ($N = 3$) verwendet wurde!

Die Newton-Cotes-Formeln integrieren alle Polynome gewissen Grades exakt. **Carl Friedrich Gauß** hat sich die Frage gestellt, wie man Polynome möglichst hohen Grades mit möglichst wenig Quadraturpunkten x_i exakt integrieren kann. Aus dieser Fragestellung sind die berühmten **Gaußschen Quadraturregeln** entstanden. Hierbei muss man allerdings von einer äquidistanten Unterteilung von $[a, b]$ Abschied nehmen und sich auf die Nullstellen gewisser Orthogonalpolynome einstellen. Dazu verweisen wir Sie allerdings auf [27] oder [4], in dem Sie eine umfassende Beschreibung aller Aspekte von Quadraturverfahren finden können.

7.4 Mehrdimensionaler Zufall

Häufig (meistens) ist ein stochastisches Modell nicht nur von einer Zufallsvariablen, sondern von mehreren abhängig. Betrachten wir als akademisches Beispiel das berühmte **Buffonsche Nadelproblem**. Die x, y-Ebene sei überzogen mit parallelen Linien

$$y = \pm n, \quad n = 0, 1, 2, \ldots .$$

Nun wird eine Nadel der Länge 1 auf die Ebene geworfen und entweder schneidet sie eine der Linien oder nicht. Wir sind interessiert an der Wahrscheinlichkeit, mit der die Nadel eine Linie schneidet.
Der Mittelpunkt der Nadel sei (X, Y), der Winkel mit der x-Achse sei $\Theta \in [0, \pi]$. Mit z sei der Abstand zur nächsten Linie bezeichnet, also $z = Y - \lfloor Y \rfloor$. Ein Blick auf Abbildung 7.5 zeigt sofort,

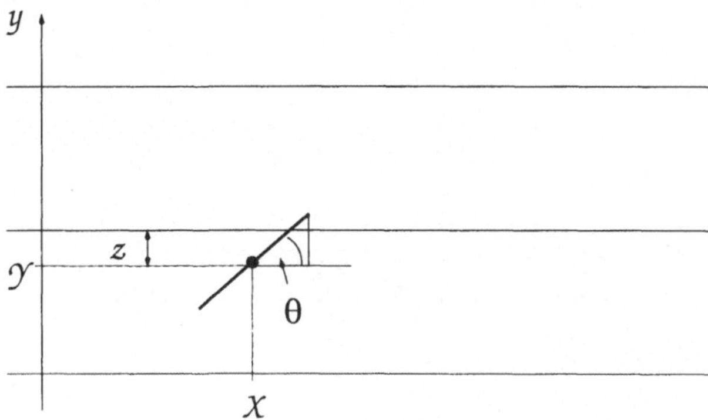

Bild 7.5: Das Buffonsche Nadelproblem

dass die Nadel eine Linie dann schneidet, wenn

$$z \leq \frac{1}{2} \sin \Theta$$

gilt. Allerdings kann die Nadel (anders als im Bild) auch mit ihrer linken Hälfte die untere Linie schneiden. Das ist der Fall, falls

$$1 - z \leq \frac{1}{2} \sin \Theta$$

gilt. Wir führen daher die Menge

$$B := \left\{ (z, \Theta) \mid z \leq \frac{1}{2} \sin \Theta \text{ oder } 1 - z \leq \frac{1}{2} \sin \Theta \right\}$$

ein. Zwei Größen bestimmen also dieses Experiment, z und Θ. Demnach sind auch zwei Zufallsvariablen ξ_z und ξ_Θ und zwei Wahrscheinlichkeitsdichtefunktionen p_z und p_Θ im Spiel. Würde der Winkel Θ vom Abstand z in irgendeiner Weise abhängen, dann hießen die Zufallsvariablen ξ_z und ξ_Θ **abhängig**. Aber es ist offensichtlich, dass Winkel und Abstand im Nadelexperiment *nicht* voneinander abhängen. In diesem Fall sind die beteiligten Zufallsvariablen **unabhängig**.

Im Fall unabhängiger Zufallsvariablen ξ_z und ξ_Θ errechnet sich die Wahrscheinlichkeitsdichtefunktion für das *Paar* (z, Θ) als Produkt

$$p_{(z,\Theta)} = p_z p_\Theta.$$

Nun können wir an die Mathematik des Nadelproblems gehen. Die Zufallsvariable $\xi_z \in [0, 1]$ ist gleichverteilt, d.h. $p_z = 1$. Auch $\xi_\Theta \in [0, \pi]$ ist gleichverteilt, also $p_\Theta = 1/\pi$. Damit ist $p_{z,\Theta} = 1/\pi$ und so

$$\begin{aligned}
P\{(z, \Theta) \in B\} &= \iint_B p_{(z,\Theta)} \, dz \, d\Theta \\
&= \frac{1}{\pi} \int_0^\pi \left(\int_0^{\frac{1}{2} \sin \Theta} dz + \int_{1 - \frac{1}{2} \sin \Theta}^1 dz \right) d\Theta = \frac{2}{\pi}.
\end{aligned}$$

Wir wollen dieses theoretische Resultat nun numerisch verifizieren.

Übnungsaufgabe: Schreiben Sie ein Java-Programm `buffon.java` zur Lösung des Buffonschen Nadelproblems. Verwenden Sie wieder `Math.random` zum "Würfeln" und eine Endlosschleife zur Eingabe der Anzahl der Würfe. Wenn Sie nicht zu puristisch denken, dürfen Sie π in der Java-Version `Math.PI` benutzen; Puristen überlegen sich, wie man *ohne* die Zahl π auskommen kann!.

Wenn Sie ein wenig mit der Eingabe spielen (die Unendlichkeitsschleife hilft dabei), dann sehen Sie folgendes formidable Ergebnis:

```
thomas@hilbert:~/Java > java buffon
Wie oft soll ich wuerfeln?
1000
PI = 3.278688524590164
Absoluter Fehler = 0.1370958710003709

Wie oft soll ich wuerfeln?
10000
PI = 3.156565656565656
Absoluter Fehler = 0.0149730029758630l5

Wie oft soll ich wuerfeln?
100000
PI = 3.1469796862461252
Absoluter Fehler = 0.0053870326563321l4

Wie oft soll ich wuerfeln?
1000000
PI = 3.14001318805539
Absoluter Fehler = 0.001579465534403024
```

Wenn Sie dieses Programm starten, bekommen Sie natürlich andere Werte (Warum?).

7.5   Wie werde ich zufällig?

Wir kommen noch einmal auf den Zufall in unseren so deterministischen Computern zurück und wollen (nur ganz, ganz oberflächlich!) beleuchten, wie man Zufallszahlen generiert.

Bereits im Jahr 1949 (die Monte-Carlo-Methoden hatten gerade das Licht der Welt erblickt und so war die Nachfrage nach Zufallszahlen groß) wurden die sogenannten **Lineare-Kongruenz-Methoden** erfunden. Dazu wählt man vier Zahlen

$$
\begin{array}{lll}
m & \text{Modulus} & m > 0 \\
a & \text{Multiplikator} & 0 \le a < m \\
c & \text{Inkrement} & 0 \le c < m \\
X_0 & \text{Startwert} & 0 \le X_0 < m.
\end{array}
$$

Dann berechnet man eine Folge von Zufallszahlen durch die Vorschrift

$$X_{n+1} = (aX_n + c) \quad \text{mod } m, \quad n \ge 0.$$

Bevor Sie nun Gehirnschmalz auf eine Analyse dieser Vorschrift verschwenden, sollten Sie erst einmal eine Lineare-Kongruenz-Methode auf Javanesisch ausprobieren.

Übungsaufgabe: Reaktivieren Sie unsere Java-Modulofunktion `xmody` aus Kapitel **4** und programmieren Sie das Programm `generator.java`, das nach Eingabe der vier Parameter m, a, c und X_0 verlangt und dann sukzessive eine Folge von Zufallszahlen erzeugt. Damit Sie sich die einzelnen Folgenglieder in Ruhe anschauen können, bauen Sie mit Hilfe eines `BufferedReader` einen Wartepunkt (`String S = B.readLine();`) ein. Weiter geht es dann nur, wenn irgendeine Taste der Tastatur gedrückt wird.

Versuchen Sie als Eingabe: $m = 10, a = c = X_0 = 7$. Dann erhalten Sie als Ausgabe bis zum Folgenglied X_{10}:

```
X0 = 7.0

X1 = 6.0

X2 = 9.0

X3 = 0.0

X4 = 7.0
```

X5 = 6.0

X6 = 9.0

X7 = 0.0

X8 = 7.0

X9 = 6.0

X10 = 9.0

Oh weh! Die Folge $7, 6, 9, 0, 7, 6, 9, 0, \ldots$ enthält eine Periode der Länge 4, d.h. die Zahlen $7, 6, 9, 0$ wiederholen sich. Das ist ganz sicher keine Folge, die wir als *zufällig* bezeichnen würden! Sind nun Lineare-Kongruenz-Methoden gänzlich unbrauchbar? Nein! Die meisten der in der Praxis üblichen (Pseudo-)Zufallszahlengeneratoren arbeiten genau nach diesem Prinzip. Wir haben nur die Parameter falsch eingestellt. Zum einen sollte der Modulus m sehr groß sein, denn jede Folge wiederholt sich nach spätestens m Gliedern! Hier muss nun eine Analyse einsetzen, um Lineare-Kongruenz-Methoden beurteilen zu können. Nach wie vor ist das Buch [21] *das* Standardwerk und wir verweisen Sie an dieser Stelle gerne darauf.

Als Bonmot müssen wir Ihnen aber noch erzählen, dass die IBM lange Zeit einen Zufallszahlengenerator mit dem Namen RANDU propagiert hat. RANDU war definiert als

$$X_{n+1} = (65539 X_n) \mod 2^{31}$$

und hat mancherorts zu fragwürdigen Ergebnissen geführt. Im Jahr 1977 gelang es dann Forsythe, Malcom und Moler, den strengen Beweis für die Unzulänglichkeit von RANDU zu führen.

7.5.1　Wie zufällig ist der Zufall?

Wie überprüft man Zufallszahlengeneratoren? Kann man RANDU *ansehen*, dass es kein guter Generator ist? Das ist eine sehr schwierige Frage und die Analyse eines Zufallszahlengenerators kann sehr aufwendig sein. Wieder verweisen wir Sie gerne auf Knuth [21], aber auch auf das schöne Buch [10] von Fishman. Eine sehr einfache Methode des Tests ist ein **graphischer Spektraltest**. Man erzeugt eine Folge $(z_i)_{i=1,2,3,\dots,N}$ von Zufallszahlen und trägt Punktpaare (z_i, z_{i+1}) in einem Diagramm auf, und zwar jeweils z_i als x-, und z_{i+1} als y-Koordinate. Ist der Zufallsgenerator 'gut', dann wird das entstehende Bild der Punkte ein wirres Durcheinander zeigen. Haben wir einen schlechten Generator erwischt, dann werden wir gewisse Regelmäßigkeiten sehen. Nun zu einem Test. Wir untersuchen den Generator

$$X_{n+1} = (137 X_n + 187) \quad \mathrm{mod}\ 256.$$

Übungsaufgabe: Schreiben Sie ein Testprogramm Spektraltest.java, das die Ausgabe in die Datei SPEKTEST schreibt, von wo wir sie uns ansehen können.

Das in Abbildung 7.6 gezeigte Ergebnis zeigt die Mängel unseres Generators deutlich! Alle 5000 Zufallspunkte liegen auf parallelen Geraden und zeigen ein wunderschönes regelmäßiges Muster! Nun können wir auch den Java-eigenen Zufallszahlengenerator testen. Dazu brauchen Sie Ihr kleines Programm Spektraltest.java nur unwesentlich zu modifizieren. Das liefert uns das in Abbildung 7.7 gezeigte Bild. Mit großer Zufriedenheit sollten Sie auf die unregelmäßige Verteilung achten! Nun können wir RANDU testen und ihn sicher der Unzulänglichkeit überführen! Wieder sollte nur eine kleine Modifikation Ihres Programms nötig sein. Die Ausgabe ist in Abbildung 7.8 gezeigt und sollte Sie überraschen. Da haben wir nun so auf RANDU geschimpft, und nun sehen wir ein ganz überzeugendes, scheinbar sehr zufälliges Bild! Nun, so einfach ist RANDU eben doch nicht zu überführen! Wenn Sie aber kein *zwei*dimensionales Bild der Zufallspunkte zeich-

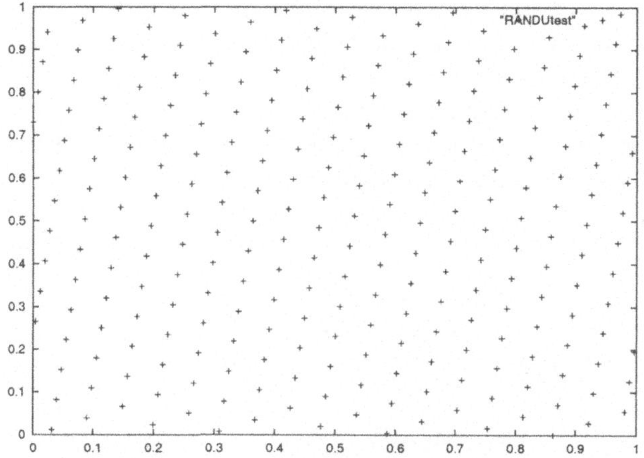

Bild 7.6: Spektraltest des Testgenerators

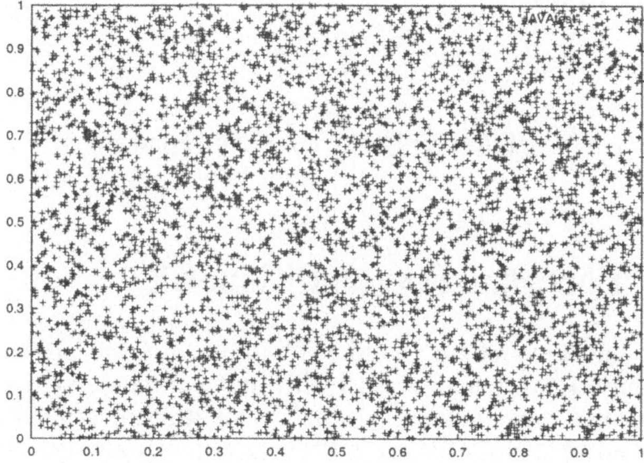

Bild 7.7: Spektraltest des Java-Generators

nen lassen, sondern ein *drei*dimensionales mit den Tripeln (z_i, z_{i+1}, z_{i+1}) und dann das Bild in eine ganz bestimmte Position drehen, dann können Sie sehen, dass die Zufallspunkttripel auf parallelen Ebenen liegen!

Wenn Sie sich für die weiteren Details zu RANDU und viel, viel mehr Material zu Zufallszahlengeneratoren interessieren, verweisen wir Sie guten Gewissens an [10].

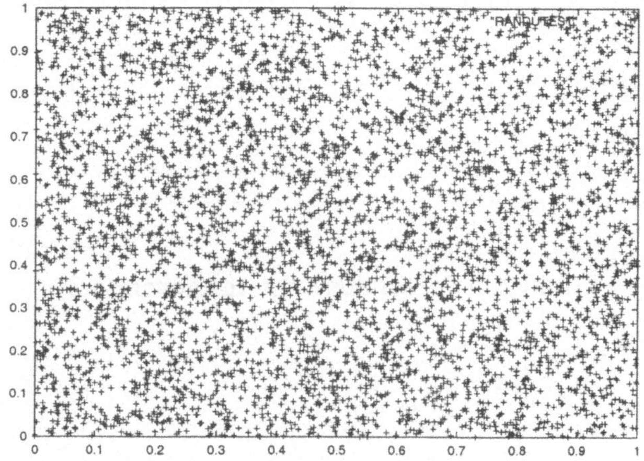

Bild 7.8: Spektraltest von Randu

7.6 Fortpflanzung und Genetik

Wenn eine Frau einen Mann trifft und ..., na ja, oder besser: wenn eine Häsin einen Hasen trifft und sich beide sympathisch finden, also, wir meinen *wirklich* sympathisch, dann könnten sie irgendwann auf die Idee verfallen, sich mit kleinen Häschen zu umgeben. Ist Mutter Hases hervorstechende Eigenschaft ihre Intelligenz und ist Vater Hases Puschelschwanz besonders schön gefärbt, dann besteht eine gewisse Wahrscheinlichkeit dafür, dass ein kleines Nachwuchshäschen entweder besonders intelligent oder schön schwarz schwanzgepuschelt oder aber beides ist. Die Vererbung gewisser Eigenschaften wird in den *Genen* geregelt. Da man (noch) nicht genau weiß, welche Mechanismen die Kombination von Genen aus Mutter- und Vatertier steuern, aber vieles nach Zufall aussieht, wollen wir einen einfachen Vererbungsvorgang mit Hilfe des Zufalls modellieren.

Wir betrachten ein *Paar* von Genen[5], das aus den Möglichkeiten G und g bestehen kann, ein Häschen kann also die Gensequenz GG *oder* Gg *oder* gg haben[6].

Wir wollen zu Beginn eines Zuchtexperimentes eine Häsin mit der Sequenz GG betrachten und sie mit einem hybriden Hasenmann mit Gg kreuzen. Jeder Wurf soll aus genau einem Häschen bestehen, dass wir nach Einsetzen der Geschlechtsreife wieder mit einem hybriden Gg-Partner kreuzen, usw. Welches Häschen entsteht wohl im ersten Wurf? Möglich sind die Kombinationen 1 : GG, 2 : Gg oder 3 : gg, für die wir nun gewisse *Wahrscheinlichkeiten* festlegen müssen. Eine Wahrscheinlichkeit p für das Eintreten eines Ereignisses kann nur zwischen den Werten $p = 0$ und $p = 1$ liegen. Ist etwa $p = 0.7$, dann tritt das Ereignis *im Mittel* in 7 von 10 Fällen ein, in 3 aber nicht. *Im Mittel* bedeutet, dass wir nicht erwarten können, bei Durchführung von 10 Experimenten *genau* 7 mal auf das Eintreten des Ereignisses stoßen werden. Vielmehr ist damit gemeint, dass bei *sehr vielen* Experimenten das Verhältnis von eingetretenem Ereignis zur Gesamtanzahl der Experimente 0.7 beträgt.

Wie groß ist die Wahrscheinlichkeit, dass unser kleines Häschen von der GG-Mama ein G erbt? Doch ganz sicher $p_{G,Mama} = 1$. Die Wahrscheinlichkeit, dass ein weiteres G vom Gg-Papa kommt, ist aber ganz sicher nur $p_{G,Papa} = 1/2$. Die Wahrscheinlichkeit, dass das Häschen ein GG-Hase sein wird, ist damit

$$p_{11} = p_{G,Mama} \cdot p_{G,Papa} = 1 \cdot \frac{1}{2} = \frac{1}{2}.$$

Dabei bedeutet die Bezeichnung p_{11} die Wahrscheinlichkeit,

---

[5] Die Idee zu diesem Modell stammt aus [9].
[6] Die Gensequenzen Gg und gG sollen vollständig äquivalent sein.

dass die Kombination 1 : GG in der nächsten Generation vorkommt, wenn die Kombination 1 auch in der Vorläufergeneration vorhanden war. Nun weiter! Bei der Paarung einer Gg-Häsin (Kombination 2) mit einem Gg-Hasen (Kombination 2) kann auch ein GG-Häschen (Kombination 1) entstehen. Nun ist die Wahrscheinlichkeit der Übertragung eines G von der Mama nur noch $p_{G,\text{Mama}} = 1/2$ und auch vom Papa gibt es das zweite G nur noch mit $p_{G,\text{Papa}} = 1/2$. Damit folgt

$$p_{12} = \frac{1}{2} \cdot \frac{1}{2} = \frac{1}{4}.$$

Paart sich eine gg-Häsin mit einem Gg-Mann, wie gross ist dann die Wahrscheinlichkeit für ein GG-Häschen? Das erste G gibt es mit $p_{G,\text{Pama}} = 1/2$ von Vater Hase, aber Mutter Hase hat gar kein G zu bieten! Damit gilt $p_{G,\text{Mama}} = 0$ und es folgt

$$p_{13} = \frac{1}{2} \cdot 0 = 0.$$

Nun überlegen wir uns, mit welcher Wahrscheinlichkeit das Häschen ein Gg-Häschen (Kombination 2) sein wird, und zwar in den drei Fällen GG mit Gg, Gg mit Gg und gg mit Gg. Wir finden heraus:

$$p_{21} = \frac{1}{2}, \quad p_{22} = \frac{1}{2}, \quad p_{23} = \frac{1}{2}.$$

Zum Schluss müssen wir die Wahrscheinlichkeiten für ein gg-Häschen (Kombination 3) aus den Paarungen GG mit Gg, Gg mit Gg und gg mit Gg ermitteln. Wir erhalten:

$$p_{31} = 0, \quad p_{32} = \frac{1}{4}, \quad p_{33} = \frac{1}{2}.$$

Bezeichnen wir mit $p_1(n)$ die Wahrscheinlichkeit, dass die Kombination 1, also GG, in der Generation n vorkommt, mit $p_2(n)$ die Wahrscheinlichkeit für Kombination 2 : Gg und $p_3(n)$ die Wahrscheinlichkeit für 3 : gg, dann gibt es ein GG-Häschen (also Kombination 1) in der nächsten Generation $n+1$, wenn

$$p_1(n+1) = p_{11} \cdot p_1(n) + p_{12} \cdot p_2(n) + p_{13} \cdot p_3(n) \tag{7.1}$$

gilt. Man überlegt sich leicht, dass damit alle "Übergangswahrscheinlichkeiten" in der richtig passenden Art und Weise eingearbeitet sind. Analog erhält man für die Wahrscheinlichkeit eines Gg-Häschens in Generation $n + 1$ die Gleichung

$$p_2(n + 1) = p_{21} \cdot p_1(n) + p_{22} \cdot p_2(n) + p_{23} \cdot p_3(n) \qquad (7.2)$$

und für die Wahrscheinlichkeit eines gg-Nachwuchses

$$p_3(n + 1) = p_{31} \cdot p_1(n) + p_{32} \cdot p_2(n) + p_{33} \cdot p_3(n). \qquad (7.3)$$

Wir haben damit ein *System* von Differenzengleichungen vor Augen, dass aus den einzelnen Gleichungen (7.1), (7.2) und (7.3) besteht, in die wir unsere Wahrscheinlichkeiten p_{ij} einsetzen können:

$$\begin{aligned}
p_1(n + 1) &= 0.5 \cdot p_1(n) + 0.25 \cdot p_2(n) \\
p_2(n + 1) &= 0.5 \cdot p_1(n) + 0.5 \cdot p_2(n) + 0.5 \cdot p_3(n) \\
p_3(n + 1) &= 0.25 \cdot p_2(n) + 0.5 \cdot p_3(n)
\end{aligned}$$

Fassen wir die drei Wahrscheinlichkeiten $p_i, i = 1, 2, 3$ als Komponenten eines Vektors p auf, dann können wir unser mathematisches Modell auch in der Matrix-Form

$$\mathbf{p}(n + 1) = \mathbf{S}\,\mathbf{p}(n) \qquad (7.4)$$

mit

$$S := \begin{pmatrix} 0.5 & 0.25 & 0 \\ 0.5 & 0.5 & 0.5 \\ 0 & 0.25 & 0.5 \end{pmatrix}$$

schreiben. Nun können wir die letztlich interessante Frage dieser Vererbung numerisch beantworten: Mit welchen Wahrscheinlichkeiten ergeben sich GG, Gg, gg im *Grenzwert* $n \to \infty$?

Übungsaufgabe: Schreiben   Sie   ein   `Java-Programm` `Genetik.java`, das mit vorgebbaren Anfangswahrscheinlichkeiten $p_1(0), p_2(0), p_3(0)$ (für die $p_1(0) + p_2(0) + p_3(0) = 1$

gilt) die Gleichung (7.4) iteriert. Stoppen Sie die Iteration, wenn $\|p(n+1) - p(n)\|_2 \leq 10^{-9}$ gilt. Können Sie einen Grenzwert $\lim_{n\to\infty} p(n)$ ahnen? Interpretieren Sie diesen Grenzwert!

Wenn Sie dieses numerische Experiment durchführen werden Sie sehr schnell feststellen, das sich *stets* der Grenzwert

$$\lim_{n \to \infty} p(n) = \begin{pmatrix} 0.25 \\ 0.5 \\ 0.25 \end{pmatrix}$$

ergibt! Das Genpaar Gg ist demnach doppelt so wahrscheinlich wie die Paare GG und Gg. Wenn Sie einmal z.B. für $p_1(0) =$

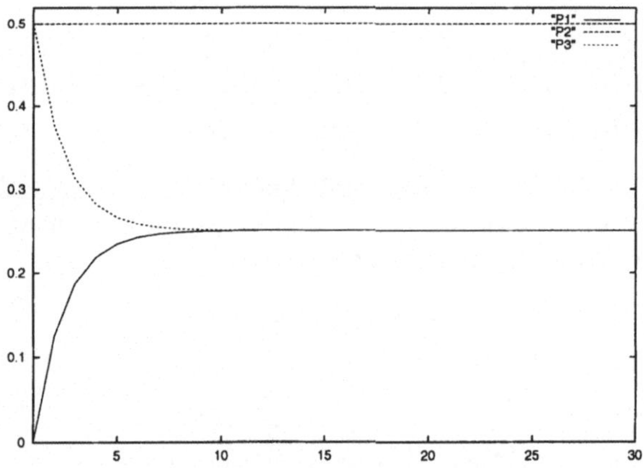

Bild 7.9: Konvergenz der Wahrscheinlichkeiten

0.00001, $p_2(0) = 0.0000001$, $p_3(0) = 1.0 - p_1(0) - p_2(0)$ die Werte für p_1, p_2, p_3 über n zeichnen lassen wie in Abbildung 7.9, dann erkennen Sie auch die sehr schnelle Konvergenz der beteiligten Folgen.

8 Wie fängt der Hai die Beute?

Auf unserem Planeten hängt das Wohl und Wehe der auf ihm lebenden Species in äußerst komplexer Weise wiederum von anderen Species ab. Dies gilt insbesondere für die Ernährung. Hühner fressen Würmer, werden wiederum von Füchsen und Mardern gefressen, und so entstehen ganze Nahrungsketten. Der Skandal um die Rinderseuche BSE hat uns auf brutale Art klargemacht, daß unsere Position am Ende einer Nahrungskette nicht unbedingt immer erstrebenswert ist! Wir wollen einfache Nahrungsketten, sogenannte **Räuber-Beute-Modelle**, diskutieren.

8.1 Das Lotka-Volterra-Modell

Im italienischen Hafenstädtchen Fiume wurden in den Jahren 1914 bis 1923 genaue Zählungen der Fänge von Haien und anderen Fischen durchgeführt[1]. Die so gesammelten Daten zeigten Verläufe, die nicht so einfach interpretierbar waren, und so fragte man den italienischen Mathematiker **Vito Volterra** um Rat. Wie man den in Abbildung 8.1 gezeigten Daten entnehmen kann, wuchs die Haipopulation gerade in den Kriegsjahren 1914-1918, in denen keine starke Befischung möglich war, stark an. Volterra ging von folgenden Grundannahmen aus:

- Ohne Fische sterben die Haie an Nahrungsmangel.

- Ohne Haie vermehren sich die Fische ungebremst.

---

[1]Natürlich gehören auch Haie der Gattung Fische an. Trotzdem wollen wir zur besseren Unterscheidbarkeit von *Haien* und *Fischen* sprechen, wenn wir die Jäger und ihre Beute meinen.

Bezeichnet x(t) die Anzahl der Fische und y(t) die Anzahl der Haie zur Zeit t, dann können wir das einfache Modell exponentiellen Wachstums aus Abschnitt **2.1** verwenden, um die beiden bisherigen Grundannahmen zu realisieren, denn das System

$$\frac{dx}{dt} = rx, \quad r > 0$$

$$\frac{dy}{dt} = -sy, \quad s > 0$$

leistet bereits das gewünschte! Wie modelliert man nun die In-

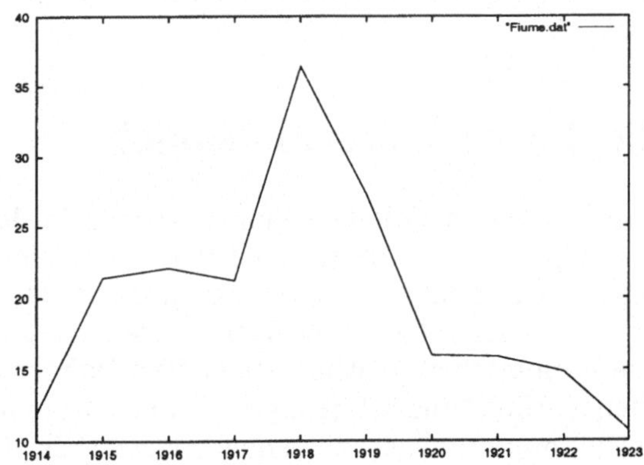

Bild 8.1: Haie (Prozent vom Gesamtfangergebnis) über den Jahren der Messungen in Fiume

teraktion zwischen Haien und Fischen? Volterra nahm an, dass die Haie sich proportional zum *Produkt* aus Zahl der Haie und Fische vermehren, während sich die Anzahl der Fische entsprechend verringert (Wenig Haie vermehren sich bei reichlich Futter ungefähr mit derselben Rate wie viele Haie bei wenig Futter). Damit erhalten wir das **Lotka-Volterra-Modell**[2]

$$\begin{array}{rcl} \dfrac{dx}{dt} &=& rx - \alpha xy \\[2mm] \dfrac{dy}{dt} &=& -sy + \beta xy \end{array}$$

$$(8.1)$$

mit positiven Parametern r, s, α, β. Natürlich kann man dieses Modell leicht erweitern, wenn man Geburts- und Sterberaten der Species einführt oder etwa den Einfluss des Fischens auf Räuber und Beute modelliert, aber für unsere Zwecke ist (8.1) bereits detailliert genug. Das Modell beinhaltet bereits eine ernstzunehmende Nichtlinearität in Form des Produktes xy in beiden Gleichungen; explizite Lösungen des Systems sind nicht bekannt.

8.2   Eine qualitative Analysis

Führen wir die Bezeichnungen

$$\begin{array}{rcl} F(x,y) &:=& rx - \alpha xy, \\[2mm] G(x,y) &:=& -sy + \beta xy \end{array}$$

ein, dann ist das Lotka-Volterra-Modell dargestellt durch das System

$$\begin{array}{rcl} \dfrac{dx}{dt} &=& F(x,y), \\[2mm] \dfrac{dy}{dt} &=& G(x,y) \end{array}$$

von zwei gewöhnlichen Differenzialgleichungen erster Ordnung, wobei der Parameter t auf der rechten Seite nicht auftaucht. Solche Systeme nennt man **autonome Systeme**. Sie erlauben einen

---

[2] Der amerikanische Mathematiker A. J. Lotka hatte bereits vor Volterra mit ähnlichen Gleichungen gearbeitet.

Einblick in ihre Lösungsstruktur durch einen Trick: Dividiert man die erste Gleichung durch die zweite und kürzt formal das dt auf der linken Seite, dann entsteht der Differenzialausdruck

$$\frac{dx}{dy} = \frac{F(x,y)}{G(x,y)} = \frac{rx - \alpha xy}{-sy + \beta xy}.$$

Diese Gleichung sagt nun etwas über die **Änderung der Fischpopulation bei Änderung der Haipopulation** aus.
Im Fall $x = 0$ (keine Fische) folgt $dx/dy = 0$, im Fall $y = 0$ (keine Haie) gilt $dx/dy \to \infty$. Zeichnen wir in einem x, y-Diagramm entlang der Achsen $x = 0$ und $y = 0$ die zugehörigen Steigungen dy/dx ein, so ergibt sich die in Abbildung 8.2 dargestellte Situation. Man sieht daran sofort eine schöne Eigenschaft des Lotka-Volterra-Modells: Sind x und y anfänglich nichtnegativ, dann bleiben sie auch nichtnegativ, denn ein Übertreten der Achsen $x = 0$ und $y = 0$ ist nach unseren Erkenntnissen über die Steigungen gar nicht möglich. Gibt es weitere Punkte, in de-

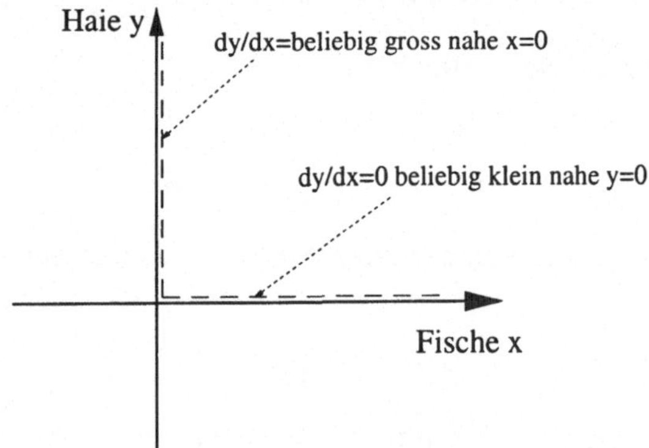

Bild 8.2: Steigungen nahe der Achsen im Hai-Fisch-Diagramm

nen $dy/dx = \infty$ oder $dy/dx = 0$ gilt? Im Fall $dy/dx = \infty$ ist offenbar $dx/dy = 0$ und es muss somit $rx = \alpha xy$ gelten, also

$$y = \frac{r}{\alpha}.$$

Im Fall $dy/dx = 0$ ist $dx/dy = \infty$ und damit muss $sy = \beta xy$ gelten, was auf

$$x = \frac{s}{\beta}$$

führt. Wir können also unser Diagramm in Abbildung 8.2 ergänzen und erhalten jetzt die Abbildung 8.3. Im Punkt $(x, y) =$

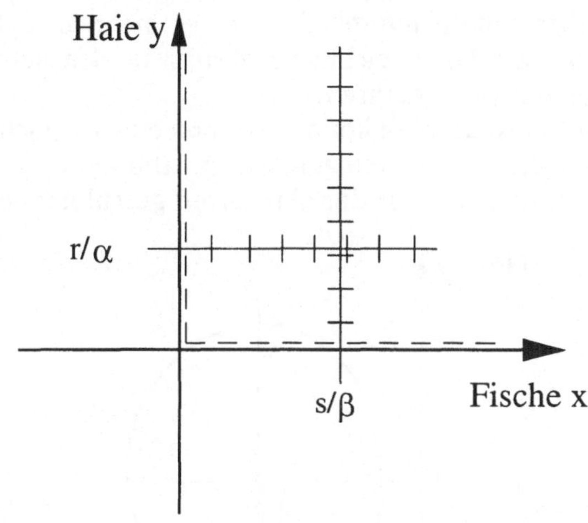

Bild 8.3: Weitere Steigungen im Hai-Fisch-Diagramm

$(s/\beta, r/\alpha)$ treffen die Steigungen $dy/dx = \infty$ und $dy/dx = 0$ aufeinander. Hier liegt offenbar ein **singulärer Punkt** vor.
Weiterhin folgen aus dem Lotka-Volterra-System (8.1) die Beziehungen:

$$y < \frac{r}{\alpha} \quad \Rightarrow \quad \frac{dx}{dt} = rx - \alpha xy > rx - \alpha x \frac{r}{\alpha} = 0$$

$$y > \frac{r}{\alpha} \quad \Rightarrow \quad \frac{dx}{dt} = rx - \alpha xy < rx - \alpha x \frac{r}{\alpha} = 0.$$

Gibt es also weniger Haie als r/α, dann können sich die Fische munter vermehren. Gibt es allerdings mehr als r/α Haie, dann haben die Fische ein schweres Leben und ihre Anzahl nimmt ab.

Weiterhin folgen aus (8.1) die komplementären Beziehungen:

$$x < \frac{s}{\beta} \quad \Rightarrow \quad \frac{dy}{dt} = -sy + \beta xy < -sy + \beta y \frac{s}{\beta} = 0$$

$$x > \frac{s}{\beta} \quad \Rightarrow \quad \frac{dy}{dt} = -sy + \beta xy > -sy + \beta y \frac{s}{\beta} = 0.$$

Gibt es also weniger als s/β Fische, dann müssen die Haie hungern und ihre Anzahl nimmt ab. Gibt es mehr als s/β Fische, dann können die Haie reichlich Nahrung zu sich nehmen und werden sich daher vermehren.

Mit diesen Informationen können wir nun eine mögliche Lösung der Lotka-Volterra-Gleichungen wie in Abbildung 8.4 skizzieren. Bewegt man sich auf der skizzierten geschlossenen Kurve,

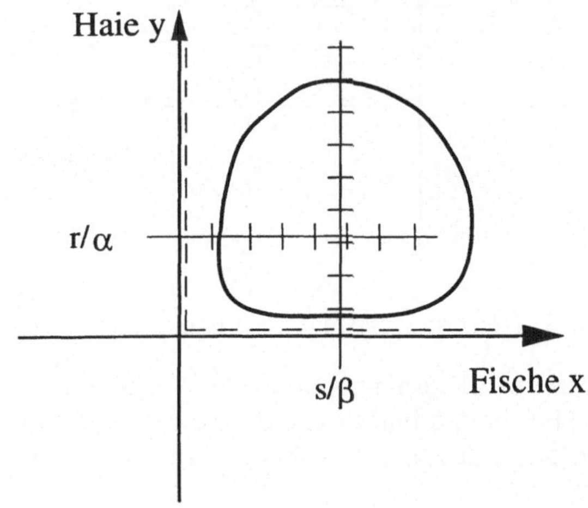

Bild 8.4: Qualitative Lösung der Lotka-Volterra-Gleichungen

dann durchlebt man einen Zyklus im Leben des Ökosystems Hai-Fisch. Gibt es wenig Haie, dann können sich die Fische vermehren. Dadurch wird das Nahrungsangebot für die Haie besser und diese vermehren sich. Das ist wiederum traurig für die Fische, denn sie werden nun durch die Haie stark dezimiert.

Mit der abnehmenden Zahl der Fische geht allerdings auch der Bestand an Haien zurück, was zur Erholung der Fischpopulation führt. Nun beginnt der Zyklus erneut.

Übungsaufgabe: Erstellen Sie ein Diagramm, in der Sie die Anzahl der Haie und Fische qualitativ über der Zeit darstellen.

Übungsaufgabe: Erklären Sie die Fiume-Daten aus Sicht des Lotka-Volterra-Modells.

8.3 Numerische Modellierung

Wollen wir die Lotka-Volterra-Gleichungen durch Diskretisierung in ein numerisches Modell verwandeln, bewegen wir uns wie bereits in Kapitel **2** auf dem Gebiet der Numerik von gewöhnlichen Differenzialgleichungen. Hier begegnen wir allerdings weiteren subtilen Problemen.

Wie in Kapitel **2** könnten wir die Ableitungen dx/dt und dy/dt durch die Vorwärtsdifferenzen

$$\frac{x(t + \Delta t) - x(t)}{\Delta t} \quad \text{und} \quad \frac{y(t + \Delta t) - y(t)}{\Delta t}$$

ersetzen und aus Gründen der Einfachheit wieder $\Delta t := 1$ setzen. Damit begegnet uns hier allerdings ein ernstes **Stabilitätsproblem**. Wählen Sie als Parameter $r = 3, \alpha = 1, s = 4, \beta = 1$ und schreiben Sie ein Java-Program, mit dem Sie die Hai- und Fischpopulationen ausgehend von Anfangszahlen $x(0) = 3$, $y(0) = 1$ mit dem obigen einfachen Zeitschrittverfahren berechnen können. Sie werden Ihr blaues Wunder erleben! Bereits nach einigen Zeitschritten explodieren die Werte für x und y und Ihre Rechnung bleibt stehen. Das Verfahren ist **instabil**. Dabei bedeutet Stabilität, dass sich die Diskretisierungsfehler, die durch das Ersetzen der Ableitungen durch Differenzenquotienten unvermeidbar sind, sich im Lauf der Rechnung nicht zu bösartig bemerkbar machen. Wie wir bereits aus Kapitel **2** wissen, ist der Fehler der Vorwärtsdifferenz von der Ordnung Δt.

Wir können also versuchen, den Fehler durch einen kleinen Zeitschritt klein zu halten. Führen Sie in Ihrem Programm den Zeitschritt Δt ein und setzen Sie $\Delta t = 0.01$. Sie werden bis zur Zeit $t = 30$ das in Abbildung 8.5 dargestellte Szenario entdecken. Je weiter die Zeit fortschreitet, umso dramatischer werden die

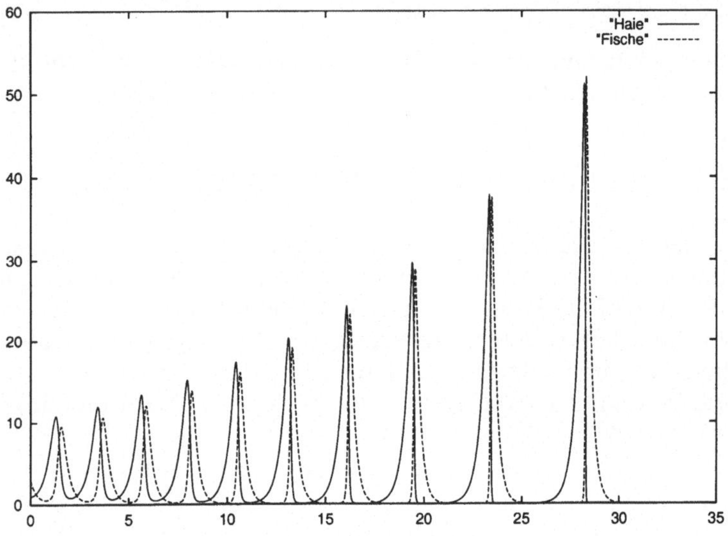

Bild 8.5: Entwicklung der Haie und Fische im Lauf der Zeit

Änderungen in den Populationen. Besonders dramatisch ist das Verhalten der Fische, deren Population sich auf immer kürzeren Zeitintervallen immer stärker ändert.

Das zugehörige Haie-Fische-Diagramm zeigt das in Abbildung 8.5 auffällige Wachstumsverhalten in anderer Form in Abbildung 8.6. Hier liegt der Verdacht nahe, dass das verwendete Verfahren nach wie vor instabil ist. Man könnte nun mit noch kleineren Zeitschritten arbeiten, was allerdings wegen der hohen Laufzeit immer weniger erquicklich wird. Außerdem geraten wir für sehr kleine Zeitschritte unter Umständen in den Bereich der Rundungsfehler, was zu ganz unsinnigen Ergebnissen führen

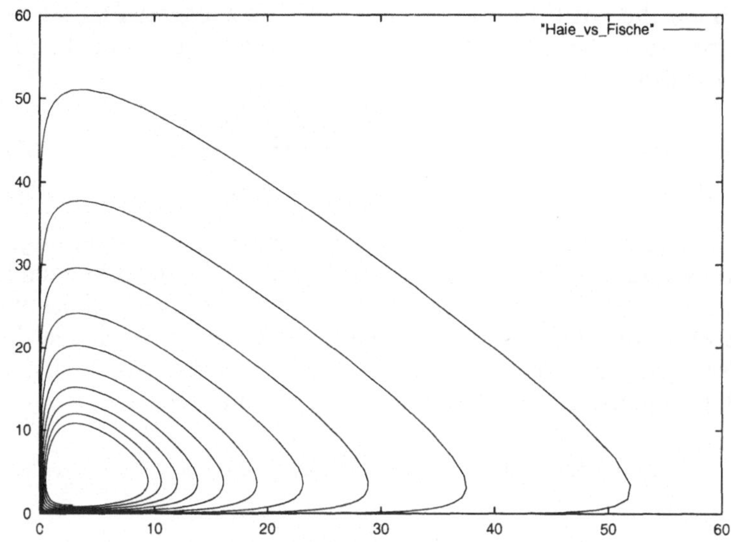

Bild 8.6: Haie-Fische-Diagramm

würde. Besser ist daher der Einsatz eines besseren Zeitschritt-verfahrens.

8.3.1 Die Taylor-Methode

Wir wollen mit den Lotka-Volterra-Gleichungen ein *System* von zwei Gleichungen für zwei unbekannte Funktionen $t \mapsto x(t)$ und $t \mapsto y(t)$ lösen. Da wir später jede der beiden Gleichungen des Systems separat behandeln werden, macht es an dieser Stelle Sinn, wenn wir als Prototyp *eine* Gleichung

$$\frac{dx}{dt} = f(x, t) \tag{8.2}$$

für eine gesuchte Funktion $t \mapsto x(t)$ und eine gegebene rechte Seite f betrachten.

Da wir die Lösung $x(t + \Delta t)$ zum nächsten Zeitschritt $t + \Delta t$ bestimmen wollen, könnten wir die Idee verfolgen, eine Taylor-Entwicklung

$$x(t + \Delta t) = x(t) + \Delta t \frac{dx}{dt}(t) + \frac{\Delta t^2}{2} \frac{d^2 x}{dt^2}(t) + \frac{\Delta t^3}{3!} \frac{d^3 x}{dt^3}(t) + \mathcal{O}(\Delta t^4)$$

$$(8.3)$$

anzusetzen. Die auf der rechten Seite auftretenden Ableitungen von x sind nicht ohne weiteres berechenbar, denn wir kennen ja nur den Wert $x(t)$. Allerdings können wir die Ausgangsgleichung (8.2) weiter ableiten. Mit der Kettenregel unter Weglassen der Argumente und mit den Bezeichnungen f_x und f_t für die partiellen Ableitungen $\partial f / \partial x$ und $\partial f / \partial t$ erhält man

$$\frac{dx}{dt} = f(x(t), t)$$

$$\frac{d^2 x}{dt^2} = f_x \frac{dx}{dt} + f_t = f_x f + f_t$$

$$\frac{d^3 x}{dt^3} = \left(f_{xx} \frac{dx}{dt} + f_{tx} \right) f + f_x \left(f_x \frac{dx}{dt} + f_t \right) + f_{tx} \frac{dx}{dt} + f_{tt}$$

$$= f_{xx} f^2 + f_{tx} f + f_x^2 f + f_x f_t + f_{tx} f + f_{tt}$$

$$= f_{tt} + 2 f_{tx} f + f_{xx} f^2 + f_t f_x + f_x^2 f,$$

wobei $f_{xx} := \frac{\partial^2 f}{\partial x^2}$, $f_{tx} := \frac{\partial^2 f}{\partial t \partial x}$, usw. Damit wird nun (8.3) zu einer tatsächlich brauchbaren numerischen Methode, wenn wir die Terme höherer Ordnung vernachlässigen

$$x(t + \Delta t) = x(t) + \Delta t f + \frac{\Delta t^2}{2}(f_x f + f_t)$$

$$+ \frac{\Delta t^3}{3!}(f_{tt} + 2 f_{tx} f + f_{xx} f^2 + f_t f_x + f_x^2 f),$$

wobei die Terme auf der rechten Seite zur Zeit t ausgewertet werden. Bitte beachten Sie, dass wir die Variable x eigentlich durch eine Variable X hätten ersetzen müssen, denn wir haben auf alle Terme höheren Fehlers verzichtet. Diese Klasse von numerischen Verfahren nennt man **Taylor-Verfahren**. Nachteilig ist dabei, dass man für jede neue rechte Seite f die Ableitungen von f *vor* dem Einsatz der Methode berechnen muss, was dem Ruf dieser Verfahren einige Zeit lang geschadet hat. Heute, im Zeitalter der Computer-Algebra, gibt man nur noch die rechte Seite f als Funktion von x und t ein und lässt die benötigten Ableitungen automatisch generieren.

Übungsaufgabe: Schreiben Sie ein Java-Programm, in dem Sie das obige Taylor-Verfahren vierter Ordnung für die Lotka-Volterra-Gleichungen implementieren. Wählen Sie $\Delta t = 0.01$, die Parameter $r = 3, \alpha = 1, s = 4, \beta = 1$, und die Anfangsbedingungen $x(0) = 3, y(0) = 1$ und vergleichen Sie das Ergebnis mit der einfachen instabilen Methode der Vorwärtsdifferenz.

8.3.2 Die Runge-Kutta-Verfahren

Kommen wir um die Berechnung der Ableitungen der rechten Seite f herum, die wir für die Taylor-Methode benötigt haben? Ja, und die Idee ist sogar sehr alt! Sie geht zurück auf **Carl Runge**, den Inhaber des ersten Lehrstuhls für Angewandte Mathematik in Deutschland, den wir bereits von unserem Runge-Beispiel zur Interpolation kennen, und auf **Wilhelm Martin Kutta** zurück, weshalb man von **Runge-Kutta-Verfahren** spricht.
Die einfache Vorwärtsdifferenz

$$x(t + \Delta t) = x(t) + \Delta t f(x(t), t)$$

ist bereits ein Runge-Kutta-Verfahren erster Ordnung. Um ein Verfahren zweiter Ordnung zu konstruieren, führen wir in Zeitrichtung eine **Stufe** ein. Darunter verstehen wir einen Zeitpunkt $t + \alpha \Delta t$ zwischen t und $t + \Delta t$. Der Ansatz für die Methode ist

$$\begin{aligned}
x(t + \Delta t) &= x(t) + ak_1 + bk_2 \\
k_1 &= \Delta t f(x(t), t) \\
k_2 &= \Delta t f(x(t) + \beta k_1, t + \alpha \Delta t).
\end{aligned}$$

Die Auswertung am Zwischenzeitpunkt $t + \alpha \Delta t$ soll die zusätzliche Information liefern, um die Ordnung des Verfahrens zu erhöhen. Die Koeffizienten a, b, α, β werden aus den Taylor-Entwicklungen von $x(t + \Delta t)$ und der (zweidimensionalen!) Taylor-Entwicklung der rechten Seite $x(t) + ak_1 + bk_2$ durch Koeffizientenvergleich ermittelt. Für die Details verweisen wir auf [6]. In unserem Fall erlaubt uns der Koeffizientenvergleich noch Freiheiten. Ein besonders einfacher Satz von Parametern ist

$$a = b = \frac{1}{2}, \quad \alpha = \beta = 1.$$

Besonders berühmt ist die Runge-Kutta-Methode der Ordnung 4. Der Ansatz enthält nun vier Funktionsauswertungen k_1, k_2, k_3, k_4, die Bestimmung der freien Parameter erfolgt wieder durch Koeffizientenvergleich der Taylor-Entwicklungen. Man erhält schließlich

$$x(t + \Delta t) = x(t) + \frac{1}{6}k_1 + \frac{1}{3}k_2 + \frac{1}{3}k_3 + \frac{1}{6}k_4$$

mit

$$\begin{aligned}
k_1 &= \Delta t f(x(t), t) \\
k_2 &= \Delta t f\left(x(t) + \frac{1}{2}k_1, t + \frac{\Delta t}{2}\right) \\
k_3 &= \Delta t f\left(x(t) + \frac{1}{2}k_2, t + \frac{\Delta t}{2}\right) \\
k_4 &= \Delta t f(x(t) + k_3, t + \Delta t).
\end{aligned}$$

Übungsaufgabe: Implementieren Sie das Runge-Kutta-Verfahren für das Lotka-Volterra-System in einem Java-Programm `LotkaVolterra.java`.

Aus Ihrem Programm erhält man mit denselben Anfangsdaten und Parametern wie zuvor den Lösungsverlauf wie in Abbildung 8.7 gezeigt. Das zugehörige Diagramm im Phasenraum ist in Abbildung 8.8 zu sehen. Aus beiden Darstellungen ist zu entnehmen, dass sich stabile Zyklen in den Populationen bilden. Die Verwendung eines Verfahrens höherer Ordnung lohnt sich also doch! Sie sollten jedoch wissen, dass es durchaus noch

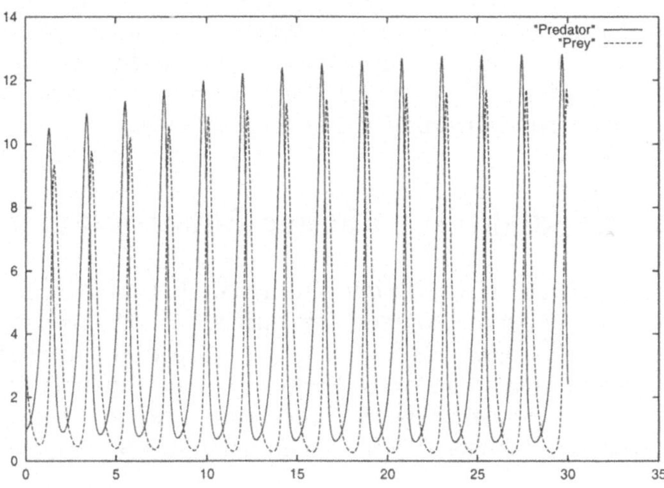

Bild 8.7: Entwicklung der Haie und Fische im Lauf der Zeit

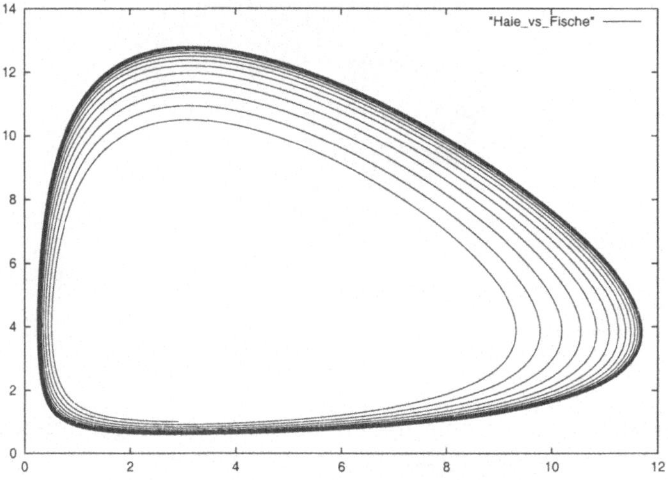

Bild 8.8: Haie-Fische-Diagramm

subtilere Probleme bei der Langzeitberechnung von numerischen Lösungen gewöhnlicher Differenzialgleichungen gibt und dass die Runge-Kutta-Methoden keinen Ausweg aus diesen Problemen darstellen. Das führt uns allerdings zu weit in die Theorie der Numerik von Differenzialgleichungen.

8.4 Ein diskretes Räuber-Beute-Modell

Vor einigen Jahren machte der Beitrag *Wa-Tor* von A.K. Dewdney in Spektrum der Wissenschaft Furore [8]. Wa-Tor ist eine Abkürzung für *Wasser-Torus*, einen ganz von einem riesigen Ozean bedeckten Planeten in Form eines Autoreifens, der von zwei Species bewohnt wird: Haien und Fischen! Abbildung 8.9[3] zeigt den Planeten. Wie wir der Abbildung 8.9 entnehmen

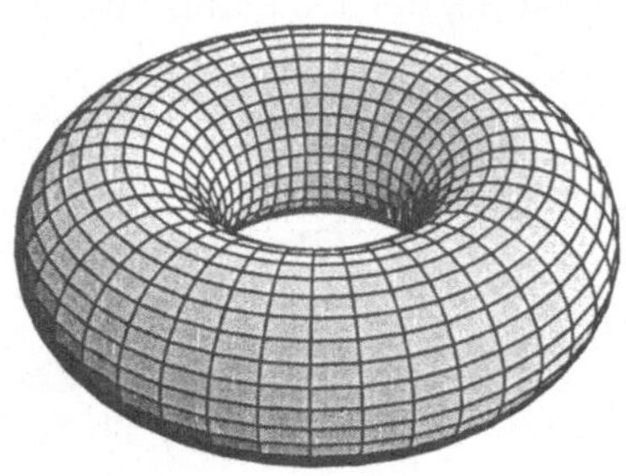

Bild 8.9: Der Planet Wa-Tor

können, ist Wa-Tor mit einem Liniennetz überzogen, in dessen Zellen sich jeweils höchstens ein Hai oder ein Fisch befindet.

---

[3] Dieses Bild ist mit dem Computer-Algebra-System MATHEMATICA erstellt worden.

Da Wa-Tor ein Torus ist, kann man die Oberfläche des Planeten sehr schön auf dem Bildschirm eines Computers darstellen. Dazu muss man den Torus in radialer Richtung zerschneiden und zu einem Zylinder aufbiegen. Der Zylinder wird der Länge nach geschlitzt und die Mantelfäche auf der Ebene abgerollt. Dadurch erhalten wir die Darstellung des Torus als Rechteck, wobei der linke und rechte Rand logisch zusammengehören, wie auch der obere und untere Rand. Schwimmt ein Hai oder Fisch nach rechts aus dem Rechteck heraus, dann erscheint er an korrespondierender Stelle am linken Rand. Ebenso hängen oberer und unterer Rand zusammen.

Übungsaufgabe: Schreiben Sie ein Java-Programm `Nachbar.java`, das folgende Aufgabe erfüllen soll: Erzeugen Sie ein rechteckiges Feld `wator[i][j]` für $0 \le i \le I$, $0 \le j \le J$, wobei die Zahlen I und J Eingabeparameter sein sollen. Füllen Sie das Feld lexikographisch ansteigend mit `Integer`-Zahlen. Zu jedem Feld (i,j) ermitteln Sie die vier Nachbarn $(i-1,j)$, $(i,j+1)$, $(i,j-1)$, $(i+1,j)$ und verwenden Sie dazu die `modulo`-Klasse, die wir bereits in Abschnitt **4.1.1** entwickelt haben, um Sonderbehandlungen der Ränder zu vermeiden. Überprüfen Sie (für kleine I und J!) das Programm!

8.4.1 Die Modellannahmen von Wa-Tor

Der Wasserplanet Wa-Tor besteht aus einzelnen Feldern (Zellen) und es wird niemanden verwundern, wenn die Zeit auf Wa-Tor in diskreten Schritten abläuft. Zur Zeit $t = 0$ erhält jeder Hai eine Variable `Hungerzeit=0` und eine Variable `Brutzeit=0`. Überschreitet ein Hai mit seiner Hungerzeit die Zeit HUNGERZEIT, dann muss er sterben. Überschreitet der Hai mit seiner Brutzeit die Zeit BRUTZEIT, dann wird ein neuer Hai geboren.
In jedem Zeitschritt soll folgendes passieren:

- Ein Hai kann kann auf eines der vier Nachbarfelder ziehen.

    - Der Hai wählt ein Feld, auf dem sich ein Fisch befindet. In diesem Fall stirbt der Fisch und der Parameter Hungerzeit wird auf Null gesetzt.

- Gibt es keinen Fisch in der Nachbarschaft des Hais, dann zieht dieser zufällig auf ein freies Feld.

- Ist der Hai von Haien umgeben, bewegt er sich nicht.

• Die Variable Brutzeit wird um 1 erhöht. Überschreitet Brutzeit die (vorzugebende) Zeit BRUTZEIT, dann wird auf dem alten Feld ein neuer Hai mit Hungerzeit=0 und Brutzeit=0 geboren.

Zur Zeit $t = 0$ erhält auch jeder Fisch eine Brutzeit=0 und eine (von den Haien i. allg. verschiedene) Zeit BRUTZEIT. Die Bewegung der Fische in jedem Zeitschritt ist definiert durch:

• Ein Fisch kann auf eines der vier Nachbarfelder ziehen.

- Der Fisch wählt ein freies Feld.

- Ist der Fisch von Haien umzingelt, stirbt er.

- Ist der Fisch von Fischen umgeben, bewegt er sich nicht.

• Die Variable Brutzeit wird um 1 erhöht. Überschreitet Brutzeit die (vorzugebende) Zeit BRUTZEIT, dann wird auf dem alten Feld ein neuer Fisch mit Brutzeit=0 geboren.

Dabei wird ein Zufallszahlengenerator verwendet, um aus den freien Feldern um die Fische, bzw. aus den mit Fischen besetzten Nachbarfeldern der Haie, zufällig ein Feld auszuwählen.

Sie sehen also, dass wir viele der Zutaten, die wir uns in den vorhergehenden Kapiteln erarbeitet haben (Modulo-Funktion, Zufallszahlen), hier gut gebrauchen können. Es ist gerade im Bereich der Modellierung und Numerik ein auffälliges Charakteristikum, dass zahlreiche Werkzeuge aus unterschiedlichen Disziplinen zur erfolgreichen Behandlung von Problemen nötig sind.

8.4.2 JaWa-Tor

Sie werden im Internet zahlreiche Implementierungen von Wa-Tor in Form von Applets finden. Eine besonders schöne ist die im Rahmen einer Programmieraufgabe (!) von Nick Hain am *Courant Institute for the Mathematical Sciences* in New York angefertigte Version. Mit `Initial Fish` und `Initial Sharks` können Sie die Anzahl der Fische und Haie zu Beginn festlegen. Außerdem ist das Brutalter von Fischen (`Fish Breed Age`) und Haien (`Shark Breed Age`) festzulegen, sowie die Zeit, nach der die Haie an Hunger sterben (`Shark Starve Time`). Die Knöpfe `Start`, `Stop` und `Reset` verstehen sich von selbst.

Um besser mit dem deterministischen Modell von Lottka-Volterra vergleichen zu können, hat Ingo Thomas in Braunschweig das Wa-Tor Applet um eine Phasenebene erweitert. Sie finden dieses Applet auf unserer Internet-Seite. Wenn Sie nun experimentieren, können Sie direkt das Haie-Fische-Diagramm studieren und sich davon überzeugen, dass (bei stabilem Wa-Tor!) das diskrete Modelle zumindest qualitativ gut mit dem kontinuierlichen Modell übereinstimmt.

8.5 Mahnende Worte

Vor einiger Zeit machte die Modellierung einer Luchs-Hasen Räuber-Beute-Population Furore, die angeblich auf Daten aus Kanada beruhte und Eingang in einige Bücher zur Modellierung fand. Bei einem genauen Studium der Daten kamen jedoch bald Zweifel auf. Zum einen basierten die Daten auf den Zahlen der kanadischen Fallensteller und es ist absolut unklar, in wie weit diese Fangdaten tatsächlich repräsentativ sind. Zum anderen konnte man jedoch in den Daten beobachten, dass Aufstieg und Niedergang der Luchse an einer markanten Stelle dem Aufstieg und Niedergang der Hasenpopulation *voran*ging, was darauf schließen ließ, dass Hasen Luchse fressen[4]! Im Jahr 1988

---

[4]Dies hat in der Tat zu einer Publikation *M.E. Gilpin - Do hares eat lynx?, Amer. Nat. 107, pp.727-730, 1973* geführt!

konnte Charles Hall schließlich in der Arbeit *An assessment of several of the historically most influential theoretical models used in ecology and of the data provided in their support* in der Zeitschrift *Ecological Modelling 43, pp.5-31* nachweisen, dass es sich bei den Daten um *ost*kanadische Hasen und *west*kanadische Luchse gehandelt hat, die nichts, aber auch gar nichts, miteinander zu tun hatten!

Die Geschichte dieses "Modells" ist in dem sehr schönen Buch [24] von Mooney und Swift nachgezeichnet.

Wie kein anderes Gebiet der Angewandten Mathematik ist die Modellierung in ständiger Gefahr, durch fehlerhaftes Datenmaterial, falsche Methoden der Datenerhebung, etc., eine falsches konzeptionelles Modell zu liefern. Modelle und deren Daten sollten also beständigem Hinterfragen ausgesetzt sein, um abstruse Vorhersagen so weit wie möglich auszuschließen. Hier findet sich die wahre Detektivarbeit: " Eliminieren Sie alle unzutreffenden Fakten. Was übrig bleibt, mein lieber Watson, muss die Wahrheit sein."

Literaturverzeichnis

[1] **R. Anderson, R. May** — The logic of vaccination.
in: New Scientist, November 1982.

[2] **A. Beutelspacher** — Kryptologie.
Verlag Vieweg, 1993.

[3] **H. Bossel** — Modellbildung und Simulation.
Verlag Vieweg, 2. Auflage 1994.

[4] **H. Braß** — Quadraturverfahren.
Vandenhoeck & Ruprecht, 1977.

[5] **I.N. Bronstein, K.A. Semendjajew** — Taschenbuch der Mathematik.
Verlag Harri Deutsch, Thun und Frankfurt/Main, 19.te Auflage 1980.

[6] **S.D. Conte, C. de Boor** — Elementary Numerical Analysis: An Algorithmic Approach.
McGraw-Hill Book Company, 3rd edn., 1980.

[7] **R. Davies** — Java for Scientists and Engineers.
Addison-Wesley, 1999.

[8] **A.K. Dewdney** — Wa-Tor.
in: Computer-Kurzweil, Verlag Spektrum der Wissenschaft, Heidelberg, 1988.

[9] **S.N. Elaydi** — An Introduction to Difference Equations.
Springer Verlag, 1999.

[10] **G.S. Fishman** — Monte Carlo: Concepts, Algorithms, and Applications.
Springer Verlag, 1996.

[11] **D. Flanagan** — Java in a Nutshell.
O'Reilly, 2nd edition, 1997.

[12] **D. Flanagan** — Java Examples in a Nutshell.
O'Reilly, 1997.

[13] **F. Förster, H.-W. Henn, J. Meyer** (Hrsg.) — Materialien für einen realitätsbezogenen Mathematikunterricht, Band 6: Computer-Anwendungen.
Schriftenreihe der ISTRON-Gruppe, divVerlag Franzbecker, 2000.

[14] **G. Fulford, P. Forrester, A. Jones** — Modelling with Differential and Difference Equations.
Cambridge University Press, 1997.

[15] **R. Haberman** — Mathematical Models: Mechanical Vibrations, Population Dynamics, and Traffic Flow.
Classics in Applied Mathematics Vol.21, SIAM, Philadelphia, 1998 (reprint der Erstausgabe von 1977).

[16] **Chr. Hartmann** — Mathematische Modelle der Wirklichkeit - Von der Theorie zum Computerexperiment.
Verlag Harri Deutsch, 1996.

[17] **D. Helbing** — Verkehrsdynamik.
Springer Verlag, 1997.

[18] **N. Hendrich** — Java für Fortgeschrittene.
Springer Verlag, 1997.

[19] **C.S. Horstmann, G. Cornell** — Core JAVA 2, Volume I: Fundamentals.
Sun Microsystems Press, 1999.

[20] **J.R. Hubbard** — Programmieren in Java.
Schaum's, McGraw-Hill, 1999.

[21] **D. Knuth** — The Art of Computer Programming, Vol.2: Seminumerical Algorithms.
Addison-Wesley, 2nd edition,1981.

[22] **D.J. Koosis, D. Koosis** — Java 2 für Dummies.
MITP-Verlag, 1999.

[23] **A. Meister** — Numerik linearer Gleichungssysteme: Eine Einführung in moderne Verfahren.
Verlag Vieweg, 1999.

[24] **D. Mooney, R. Swift** — A Course in Mathematical Modeling.
The Mathematical Association of America, 1999.

[25] **S. Singh** — Geheime Botschaften: Die Kunst der Verschlüsselung von der Antike bis in die Zeiten des Internet.
Carl Hanser Verlag, 2000.

[26] **Th. Sonar** — Einführung in die Analysis (unter besonderer Berücksichtigung ihrer historischen Entwicklung für Studierende des Lehramtes).
Verlag Vieweg, 1999.

[27] **J. Stoer** — Einführung in die Numerische Mathematik I.
Springer Verlag, 4te Auflage, 1983.

[28] **U.-P. Tietze, M. Klika, H. Wolpers** (Hrsg.) — Mathematikunterricht in der Sekundarstufe II, Band 2: Didaktik der Analytischen Geometrie und Linearen Algebra.
Verlag Vieweg, 2000.

[29] **J.F. Thompson, Z.U.A. Warsi, C. Wayne Mastin** — Numerical Grid Generation: Foundations and Applications.
North-Holland, 1985

Index

$\frac{3}{8}$-Formel, 197
$\mathcal{O}$, 34
ALGOL, viii
C++, viii
C, viii
FORTRAN, viii
Java, viii
Pascal, viii
RANDU, 203

Abhängigkeitsbereich, 165
    numerischer, 166
Abkühlungsgesetz, 47
Abkühlungsmodell, 46
Abschnittspolynome, 68
Ähnlichkeitslösungen, 176
Aitken-Algorithmus, 65
Alphabet, 113
Ampelmodell
    Anfahren, 173
    Anhalten, 181
Anfangs-Randwertproblem, 26
Anfangsbedingung, 160
Anfangsbedingungen, 25
Anfangswerte, 165
Anfangswertfunktion, 168
Applets, ix
Approximation erster Ordnung, 34
Asterix, 113

Autonome Systeme, 213

Basis, 130
Basispolynome, 55
Bestimmtheitsbereich, 165
bijektiv, 114
Binomialverteilung, 192
Bisektionsalgorithmus, 57
Bisektionsverfahren
    Algorithmus, 57
Brune, Gerhard, xiii
Buffonsches Nadelproblem, 199

Caesar, Gaius Julius, 113
CFL-Bedingung, 167
Chaos, 39
Charakteristiken, 161
Computertomographie, 123
Courant, Richard, 167

Differenz
    dividierte, 68
        Programmierung, 71
    rückwärts, 169
    vorwärts, 169
    zentrale, 168
Differenzengleichung, 29
    logistische, 36
    System, 209
Differenzenmolekül, 169
Differenzenschema, 70

Differenzenverfahren, 165
    explizit, 165
    implizit, 165
Differenzialgleichung
    gewöhnliche, 31
    lineare, 159
    partielle, 153, 158
Diskretisierung, 23, 124, 217

Eliminationsprozess, 132
entier, 117
Erhaltungsform, 158
Erhaltungssätze
    differenzielle, 153
    integrale, 152
Erwartungswert, 191

Förster, Frank, xii
Feyerabend, Uwe, xiii
Fixpunktgleichung, 107
Friedrichs, Kurt Otto, 167
Fußpilz, 31
Fundamentaldiagramm, 155
Funktionsdarstellung, 55

Gauß, Carl Friedrich, 139, 192
Gauß-Seidel-Verfahren, 139
Gaußklammer, 117
    Programmierung, 119
Gaußsche Quadraturregeln, 198
Gaußscher Algorithmus, 130, 132, 148
Gauß, Carl Friedrich, 198
Genetik, 206

Geschwindigkeitsfeld, 146
Geschwindigkeitsmodelle, 153
Gewichte, 196
Gitterquotient, 166
Gleichungssstem
    lineares
        unterbestimmtes, 125
Gleichungssystem
    homogenes, 130
    inhomogenes, 130
    lineares, 125, 129
        Direkte Methoden, 137
        Iterative Methoden, 137
        Lösbarkeitsbedingung, 134
    tridiagonales, 90
Gleichverteilung, 188, 191
Grahs, Thorsten, xi, xii

Hütchenfunktion, 55
HAL, 115
Homepage, xi
Horner-Schema, 65

IBM, 115, 203
Integration, numerische, 194
Interpolation, 56
Interpolationsfehler, 75
Interpolationsproblem, 59
Intervallschachtelung, 57
Isomorphismus, 114
Iteration, 48

Iterationsverfahren
    Theorie, 107

Keplersche Fassregel, 196
Kern, 130
Klasse, viii
Koeffizientenschema
    erweitertes, 132
Konvektions-
        Diffusionsgleichung,
    25
Kubrick, Stanley, 115
Kutta, Wilhelm Martin, 221

Löwenfangalgorithmus, 57
Lagrange-Polynome, 195
Lagrange-Polynome   (s.a.
    Basispolynome),
    59
Laplace-Operator, 25
Leonardo da Vinci, 19
Lewy, Hans, 167
Lineare-Kongruenz-
    Methoden, 202
Lotka-Volterra-Modell, 213

Masernepedemie, 40
Matrix
    Kern einer, 130
    Rang einer, 134
    Vandermonde, 62, 141
Messungen
    Vergleich mit, 30
Modell
    deterministisches, 185
    konzeptionelles, 21, 23
    mathematisches, 22, 24

    diskretes, 23
    kontinuierliches, 23
    numerisches, 22, 26
Modellierungszyklus, 29
modulo, 116
    Definition, 117
    Programmierung, 120
Monte-Carlo-Methoden,
    189

Netzgenerierung, 26
Neville-Algorithmus, 64
Neville-Lemma, 63
Newton-Cotes-Formeln,
    197
Newton-Polynom, 67
    Auswertung, 74
Newton-Verfahren, 105
    Algorithmus, 106
Normalverteilung, 192
Nullstellen, 54
Nullstellensuche, 57, 98

Obelix, 113
Objektorientierung, viii
Occams Rasierer, xii
Ort-Zeit-Zusammenhang,
    146

Partikel, 145
Poissonverteilung, 192
Populationsdynamik, 31
    Differenzengleichung,
    34
    Differenzialgleichung,
    31

Verbessertes Modell, 35
Pulcherrima, 197

Quadratur, 194
Quadraturfehler, 198
Quasilineare Form, 158

Räuber-Beute-Modelle, 211
Rückwärtssubstitution, 134
Randbedingung, 181
Randbedingungen, 25
    natürliche, 86
Rang, 134
Rankine-Hugoniot-Bedingung, 179
Regula Falsorum, 99
    Algorithmus, 100
    modifizierte
        Algorithmus, 102
Runge, Carl, 77, 221
Runge-Kutta-Verfahren, 221

Satz
    unverschlüsselt, 113
    verschlüsselter, 113
Satz von der Erhaltung der Autos, 151
Satz von Holladay, 95
Satz von Kantorowitsch, 106
Sebigboss, 113
Sekantenverfahren, 103
Sensitivität, 156
Simpson-Regel, 196
Simulation, 30

Spektraltest, 204
Spline
    kubischer, 56, 84
    linearer, 55, 81
        Extremwertsuche, 58
    natürlicher, 90
    quadratischer, 83
    vollständiger, 92
Splines, 78
    Minimaleigenschaft, 94
Sprungbedingung, 179
Sprungklammer, 179
Standardwürfel, 190
Stoß, 179
Stoßstärke, 179
Stochastik, 185, 189
Straklatte, 78
Summe
    geometrische, 48

Taylor-Verfahren, 220
Teefax, 113
Thomas, Ingo, 227
Tietze, Uwe, xii
Tomographie, 123
Transportgleichung, 25, 161
    Numerik, 163
Trapezregel, 196

Ulam, Stanislaw, 189
Umkehrfunktion, 114
Untervektorraum, 131

Vehling, R., 46
Verdichtungsstoß, 179
Verfahrensfunktion, 107
Verkehr

Flüssigkeitsbeschreibung, 145
Fundamentaldiagramm, 155
ungleichförmiger, 171
Verkehrsdichte, 149
unstetige, 176
Verkehrsfluss, 149
Verkehrsmodell, 145
Verschlüsselung, 113
Verschlüsselungsabbildung, 113
Verschlüsselungsfunktion, 115
Verschlüsselungsmodell, 114
Volterra, Vito, 211
von Neumann, John, 189

Wa-Tor, 224
Applet, 227
Wachstum
logistisches, 35
Wachstum, unbeschränktes, 33
Wahrscheinlichkeitsdichtefunktion, 191
Wahrscheinlichkeit, 190
Welle, 161
Wellengeschwindigkeit, 161
Wirtschaftlichkeitsmodell, 53

Zufall, 185
Zufallsvariable, 188, 189
unabhängige, 200
Zufallszahlengenrator, 188

Mathematiker: Ein Beruf mit Zukunft

**Vieweg Berufs- und Karriere-Planer:
Mathematik 2001 - Schlüsselqualifikation für
Technik, Wirtschaft und IT**

Für Studenten und Hochschulabsolventen. Mit 130 Firmenprofilen
2000. X, 490 S. Br. DM 29,80/€ 14,90   ISBN 3-528-03157-3

Warum Mathematik studieren? - Wahl der Hochschule und des Studiengangs - Aufbau und Inhalt des Mathematik-Studiums an Universitäten - Das Mathematik-Studium an Fachhochschulen - Organisation des Studiums - Finanzierung des Studiums - Weiterbildung nach dem Studium - Bewerbung und Vorstellung - Arbeitsvertrag und Berufsstart - Branchen und Unternehmensbereiche - Beispiele für berufliche Tätigkeitsfelder von Mathematikern - Interviews mit Praktikern - Unternehmensprofile - Existenzgründung: Tipps zur Selbständigkeit - Kontaktadressen - Literatur

Was motiviert dazu, ein Mathematikstudium aufzunehmen? Warum ist Mathematik eine Schlüsseltechnik der Wirtschaft? Setzt sich der positive Trend für ausgebildete Mathematiker auf dem Arbeitsmarkt fort? In welchen Branchen und Unternehmensbereichen werden Mathematiker eingesetzt? Was sind typische Tätigkeitsfelder in der industriellen Praxis? Wie und wo studiere ich effizient und berufsorientiert? Mit welchen Qualifikationen finde ich die besten Ein- und Aufstiegschancen? Wie bereite ich mich gezielt auf die Bewerbung vor?
Der Vieweg Berufs- und Karriere-Planer Mathematik bietet Orientierung und ist als Leitfaden zugleich das umfassende Handbuch und Nachschlagewerk für Studium, Beruf und Karriere. Umfangreiches Adressenmaterial und 130 Firmenprofile mit allen wichtigen Anschriften und Ansprechpartnern in den Unternehmen sichern den entscheidenden Vorsprung beim Start in die Karriere.

Abraham-Lincoln-Straße 46
65189 Wiesbaden
Fax 0611.7878-400
www.vieweg.de

Stand 1.7.2001. Änderungen vorbehalten.
Erhältlich im Buchhandel oder im Verlag.
Die genannten €-Preise sind gültig ab 1.1.2002.

Mathematik als Teil der Kultur

Martin Aigner, Ehrhard Behrends (Hrsg.)
Alles Mathematik
Von Pythagoras zum CD-Player
2000. VIII, 296 S. Geb. DM 49,00/€ 24,50   ISBN 3-528-03131-X

Mit Beiträgen von Ph. Davis (Philosophie), G. von Randow (Mathematik in der Zeitung), P. Deuflhard (Hyperthermie), M. Grötschel (Verkehrsplanung), J. H. van Lint (CD-Player), W. Schachermayer (Optionen), A. Beutelspacher (Kryptographie), H. G. Bothe (Fuzzy-Logik), B. Fiedler (Dynamische Systeme), J. Kramer (Fermat-Problem), H.-O. Peitgen (Mathematik in der Medizin), V. Enß (Chaos), R. Seiler (Atom-Modelle), M. Aigner (Primzahlen, geheime Codes und die Grenzen der Berechenbarkeit), E. Behrends (Schwingungen von Pythagoras bis zum Abtast-Theorem), E. Vogt (Knotentheorie), G. Ziegler (Keplers Problem), D. Ferus (Minimalflächen), O. Finnendahl (Mathematik in den eigenen Kompositionen) und P. Hoffmann (Mathematik bei Xenakis)
An der Berliner Urania, der traditionsreichen Bildungsstätte mit einer großen Breite von Themen für ein interessiertes allgemeines Publikum, gibt es seit einiger Zeit auch Vorträge, in denen die Bedeutung der Mathematik in Technik, Kunst, Philosophie und im Alltagsleben dargestellt wird. Im vorliegenden Buch ist eine Auswahl dieser Urania-Vorträge dokumentiert, etwa zwanzig sorgfältig ausgearbeitete Beiträge renommierter Referenten, die mit den gängigen Vorurteilen „Mathematik ist zu schwer, zu trocken, zu abstrakt, zu abgehoben" aufräumen.

Themen der Numerischen Mathematik

Robert Plato
Numerische Mathematik kompakt
Grundlagenwissen für Studium und Praxis
2000. XIV, 360 S. Br. DM 49,80/€ 24,90   ISBN 3-528-03153-0

Interpolation, diskrete Fouriertransformation, Integration - direkte
und iterative Lösung linearer Gleichungssysteme - Iterative Verfahren
für nichtlineare Gleichungssysteme - numerische Behandlung von
Anfangs- und Randwertaufgaben bei gewöhnlichen Differentialglei-
chungen - Störungstheorie und numerische Verfahren für Eigenwert-
probleme bei Matrizen - Approximationstheorie sowie Rechnerarith-
metik.

Das Lehrbuch behandelt in kompakter und übersichtlicher Form die
grundlegenden Themen der Numerischen Mathematik. Es vermittelt
ein solides Basiswissen der wichtigen Algorithmen und dazugehöri-
gen Fehler- und Aufwandsbetrachtungen, das zur Lösung von zahlreichen in der Praxis auftretenden mathematischen Problemstellungen
benötigt wird. Die vorgestellten Resultate werden mit elementaren
Methoden hergeleitet, und begleitend werden etwa 120 Übungsaufgaben sowie weiterführende Literaturhinweise präsentiert. Die Aufma-
chung mit zahlreichen Abbildungen und übersichtlichen Schemata ist
ansprechend und erleichtert das Lernen. Für die meisten der vorgestellten Verfahren werden Pseudo-Codes angegeben, die sich unmittelbar in Computerprogramme umsetzen lassen. Das Lehrbuch ist ohne
weitere Themenauswahl als Vorlage für zwei jeweils vierstündige ein-
führende Numerikvorlesungen verwendbar. Es ist klar strukturiert
und verständlich geschrieben, so dass die Studierenden es gut zum
Nachbereiten der Vorlesungen verwenden können. Lösungshinweise
zu den Übungsaufgaben findet man im Internet unter:
ftp://ftp.math.tu-berlin.de/pub/numerik/plato/viewegbuch

Abraham-Lincoln-Straße 46
65189 Wiesbaden
Fax 0611.7878-400
www.vieweg.de

Stand 1.7.2001. Änderungen vorbehalten.
Erhältlich im Buchhandel oder im Verlag.
Die genannten €-Preise sind gültig ab 1.1.2002.